LEÇONS

SUR

L'INTÉGRATION

DES

ÉQUATIONS DIFFÉRENTIELLES

AUX

DÉRIVÉES PARTIELLES

PAR

M. V. VOLTERRA

SÉNATEUR DU ROYAUME D'ITALIE

PROFESSEUR DE PHYSIQUE MATHÉMATIQUE À L'UNIVERSITÉ DE ROME

UPSAL 1906

IMPRIMERIE ALMQVIST & WIKSELL

1^{ière} leçon.

Introduction.

1. Le cours que je ferai se rapportera à quelques points de la théorie des équations différentielles de la physique mathématique. On sait que la physique mathématique traverse une période de crise. On abandonne certaines idées pour en suivre de nouvelles. Tous ceux, par exemple, qui ont lu les éloquentes pages que M. Poincaré a consacré à cette question et ceux, qui ont pris connaissance de l'état actuel de la science dans le bel ouvrage de M. Picard, sont renseignés d'une manière fort claire là-dessus. Mais, même si certains concepts que nous avons maintenant sur la nature des phénomènes naturels et quelques principes fondamentaux devaient être ébranlés par de nouveaux faits et de nouvelles découvertes, une partie de la physique mathématique a bien des chances de se sauver du naufrage. Elle représente en effet, peut-être d'une manière grossière, mais certainement d'une manière très-simple, une grande partie des faits naturels connus, les relie ensemble et a une utilité pratique hors de toute discussion.

L'histoire des sciences nous offre l'exemple de théories analytiques de certains phénomènes qui ont été créées sous l'influence de certains principes et qui ont résisté à la chute de ces principes. Pour n'en citer qu'un seul, parmi la foule de ceux qui se présentent, il suffit de rappeler la théorie des instruments optiques qui se conserve dans ses lignes générales, tandis que les principes de l'optique ont subi tant d'évolutions.

2. Les théories de la propagation de la chaleur, de l'hydrodynamique, de l'élasticité, des forces newtoniennes et de l'électromagnétisme peuvent être aujourd'hui traitées sous un point de vue commun, de sorte qu'elles peuvent constituer un seul chapitre d'analyse. On peut systématiser les méthodes qu'on emploie et classifier tous les faits qui s'y rapportent par la classification des équations différentielles dont ils dépendent. Cela conduit à envisager trois *types* d'équations différentielles qu'on a l'habitude d'appeler *elliptique*, *hyperbolique* et *parabolique* et des *types mixtes*.

Lorsqu'on étudie les choses sous cet aspect une seule formule est capable de nous révéler sous une forme unique des propriétés qui se rapportent à des phénomènes en apparence divers entre eux. Quelquefois l'analogie est une simple analogie analytique, quelquefois elle va bien au delà.

Supposons maintenant pour un instant que la base des faits physiques sur laquelle pose l'édifice analytique vienne manquer, ou qu'on la néglige. Cet édifice est tellement solide et utile par lui-même qu'il continuerait à subsister comme un des plus beaux chapitres de l'analyse.

3. Le point de départ de toutes les considérations dont nous venons de parler

est d'envisager un ensemble continu ou un *domaine* à une, deux ou trois dimensions. A chaque point du domaine correspond une quantité scalaire ou un vecteur ou plusieurs quantités scalaires et plusieurs vecteurs liés par les équations différentielles. Ces quantités sont quelquefois constantes par rapport au temps et quelquefois variables. Dans ce cas on a en général un grand avantage en considérant le temps comme une nouvelle coordonnée.

Tout le monde sait que les idées des physiciens ont toujours oscillé entre le concept d'un milieu continu, siège de tous les phénomènes par lequel on tâche de supprimer toute action à distance, et le concept fondé sur l'hypothèse des molécules séparées et des actions à distance.

Il ne faut pas croire que nos considérations soient liées forcément au premier concept. Elles correspondent aussi à l'autre. Il suffit pour cela de rappeler que Cauchy, Poisson, Fourier, Laplace, qui suivaient les idées, qu'on appelle maintenant de la mécanique physique, c'est à dire au fond le second système, ont été les premiers à découvrir les équations différentielles qui forment la base des théories analytiques. Il leur a fallu, pour y parvenir, faire un passage à la limite qui les a amené du discontinu au continu. Mais une fois cette limite franchie, les deux conceptions au point de vue analytique se mêlent dans la plupart des cas.

4.   Je n'aurai pas le temps de traiter d'une manière complète le chapitre d'analyse dont je viens de parler. Je toucherai seulement à quelques points, qui me semblent avoir un certain intérêt et que je crois nouveaux. Le rôle que certaines solutions polydromes jouent dans les différents cas, voilà un point que je tâcherai d'examiner avec quelque détail. Nous envisagerons ces solutions dans les différents types d'équations et pour nous familiariser avec elles nous étudierons d'abord les solutions polydromes dans le cas de l'équilibre élastique. Elles nous conduisent à des résultats pratiques et frappants qu'on peut montrer par des modèles matériels qui nous dévoilent leur vrai caractère et leur importance. Le cas d'équilibre des corps élastiques à connexion multiple, non assujettis à des forces externes, est en dépendance étroite avec les solutions polydromes, et nous offre de nouveaux problèmes de la théorie de l'élasticité.

5. La théorie des fonctions est liée aux problèmes de physique mathématique qui dépendent de l'équation de Laplace à deux variables. Si l'on envisage, par exemple, un voile liquide incompressible infiniment mince qui est en mouvement, tout théorème de la théorie des fonctions peut être interprété comme un théorème relatif au mouvement. Réciproquement toute propriété du mouvement peut être interprétée comme un théorème de la théorie des fonctions. On obtient cette relation par les fonctions conjuguées qu'il faut regarder comme la partie réelle et le coefficient de l'imaginaire dans la théorie des fonctions et en hydrodynamique comme le potentiel de vitesse et la fonction qui définit les lignes des courants.

Mais cela est borné au cas de deux dimensions. Comment généraliser la chose au cas d'un nombre quelconque de dimensions ? Je montrerai que la théorie des fonctions conjuguées peut s'étendre au cas général par l'introduction d'un nouveau concept analytique sur lequel je reviendrai tout à l'heure. Cela nous amènera à exposer certaines vues nouvelles sur la théorie générale des fonctions.

6. Par rapport aux équations du type hyperbolique j'exposerai d'abord, sans entrer dans les détails, quelques résultats que j'ai trouvés et publiés il y a quelque temps et qui plus récemment ont été étendus et complétés par d'autres géomètres.

Ensuite je tâcherai de montrer le rôle bien singulier que joue le principe des images. La mémorable méthode de Lord Kelvin peut être employée quelquefois même dans ce cas et amène à des résultats plus simples que dans celui des équations du type elliptique. L'influence de la réalité des caractéristiques se révèle par là d'une manière frappante.

Il y a un mémoire très-profond de Weierstrass sur l'intégration des équations différentielles linéaires aux dérivées partielles où il expose une méthode par laquelle il intègre quelques équations du type hyperbolique. Mme Kowalewski a appliqué dans un travail sur l'optique la méthode de Weierstrass, mais, sans s'en douter, elle avait à faire avec des fonctions polydromes, c'est pourquoi la méthode ne l'a pas amenée au résultat qu'elle cherchait. J'entrerai dans la discussion de cette question et du rôle de la solution polydrome. Je n'ai connu aucun géomètre, après Mme Kowalewski, qui ait employé la méthode de Weierstrass et elle paraît comme une méthode à part qui n'est pas reliée aux autres. Je serai heureux de montrer qu'elle se rattache d'une manière très-simple à la méthode de Kirchhoff. Or, puisque les méthodes de Kirchhoff de Green et de Riemann ont des rapports étroits entre elles, toutes ces différentes méthodes restent reliées ensemble.

7. Les dernières leçons seront consacrées aux équations différentielles du type parabolique. Leur étude n'est pas si avancée que celle des équations des autres types. Au premier abord il ne semble pas que la méthode des caractéristiques, qui a donné les résultats les plus généraux dans le cas hyperbolique, puisse conduire à embrasser tous les résultats connus lorsqu'on l'applique aux équations du type parabolique. Nous montrerons où est la difficulté. On a toujours conçu la méthode de Riemann comme bornée au domaine des variables réelles. Au contraire pour approfondir avec succès la question des équations du type parabolique, il faut commencer par étendre la méthode aux variables complexes et ensuite l'employer ainsi généralisée.

Comme application des formules qu'on a dans les cas des équations du type parabolique j'exposerai la solution d'un problème qui se rapporte aux oscillations des fluides incompressibles. J'aurai ainsi l'occasion de dire quelques mots par rapport à cette question générale qui d'un côté est liée aux équations du type elliptique et d'un autre côté a bien des rapports avec les problèmes des ondes qu'on étudie par des équations du type hyperbolique. Je donnerai à ce propos une formule analogue à celle ordinaire de Green qui contient une fonction analogue à celle qu'on appelle fonction de Green.

8. Voilà le programme du cours. Cependant je n'ai pas encore parlé d'une manière explicite d'une question dont j'aurai l'occasion de traiter avec quelque détail. Nous avons vu que dans nos considérations nous prenons comme fondement un continu à un certain nombre de dimensions, dans lequel on envisage des quantités scalaires ou des vecteurs. Supposons que nous ayons une quantité scalaire qui soit une fonction des points d'un domaine à trois dimensions, et pour fixer les idées supposons que ce soit la température des points d'une surface. Aura-t-on examiné d'une manière complète la question en envisageant cette quantité scalaire comme une fonction de trois variables, c'est à dire des coordonnées des différents points de la surface et du temps ? Il est facile de se convaincre que, si nous pouvons changer arbitrairement la température au contour du corps, la température dépendra aussi de toutes les valeurs de la fonction qui exprime la température au contour. De même le potentiel d'un corps déformable dépendra de la forme du corps. On est par là amené d'une manière fort naturelle, et l'on peut même dire qu'on est forcé d'envisager non seulement les fonctions qui dépendent d'un certain nombre de variables, mais aussi celles qui dépendent de la forme de certaines lignes et de certaines surfaces et de toutes les valeurs de certaines fonctions. Nous aurons l'occasion de parler de ce concept et de développer quelques idées sur ces fonctions et sur leur inversion, lorsque nous entrerons dans le sujet dont nous avons touché au § 5.

2ième leçon.

1. Envisageons dans un plan les axes coordonnés x, y et la fonction $\theta = \operatorname{arc\,tg}\dfrac{y}{x}$.

θ est l'angle que le rayon vecteur fait avec l'axe x. Partons d'un point M_0 situé sur l'axe x, et, après avoir parcouru un cycle M_0NM' autour de l'origine, revenons au point de départ M_1.

En prenant les valeurs de θ qui se suivent avec continuité la valeur θ_1 qu'on trouve en M_1 après avoir parcouru le cycle est égale à la valeur initiale augmentée de 2π. Voilà un exemple très-simple d'une fonction *polydrome*.

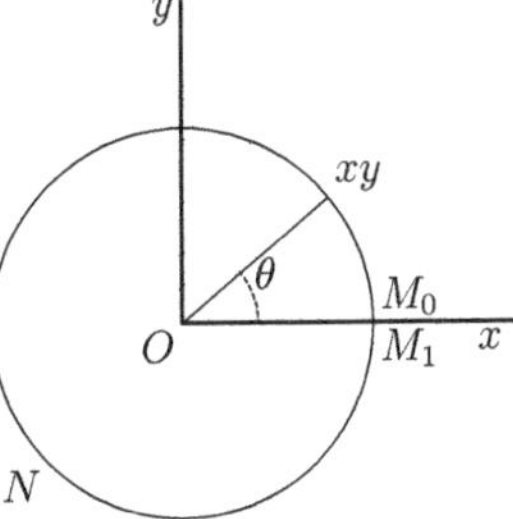

Les dérivées partielles $\dfrac{\partial \theta}{\partial x} = -\dfrac{y}{x^2 + y^2}$, $\dfrac{\partial \theta}{\partial y} = \dfrac{x}{x^2 + y^2}$ ainsi que les dérivées successives sont finies continues et monodromes excepté à l'origine. C'est pourquoi dans un domaine S qui ne comprend pas l'origine les dérivées $\dfrac{\partial \theta}{\partial x}$, $\dfrac{\partial \theta}{\partial y}$ seront régulières ainsi que leurs dérivées successives.

2. Rappelons un théorème de calcul intégral qu'on appelle théorème de Gauss.

Soit S un domaine à trois dimensions X, Y, Z, trois fonctions monodromes finies et continues qui ont des dérivées monodromes finies et continues. On a

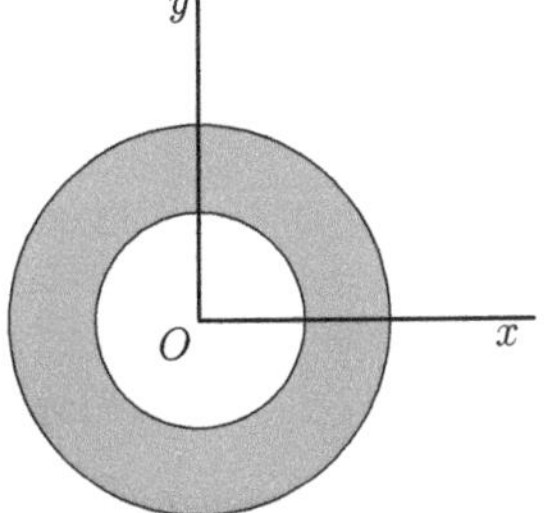

$$\int_S \left(\frac{\partial X}{\partial x} + \frac{\partial Y}{\partial y} + \frac{\partial Z}{\partial z} \right) dS$$
$$= \int_\sigma (X \cos nx + Y \cos ny + Z \cos nz)\, d\sigma$$

σ étant le contour du domaine S, n la normale à σ dirigée vers l'extérieur du domaine S.

Rappelons aussi le théorème de Stokes.

σ étant une surface ayant pour contour S et X, Y, Z étant des fonctions monodromes finies et continues dont les dérivées sont aussi monodromes finies et continues on a

$$\int_\sigma \left\{ \left(\frac{\partial Z}{\partial y} - \frac{\partial Y}{\partial z} \right) \cos nx + \left(\frac{\partial X}{\partial z} - \frac{\partial Z}{\partial x} \right) \cos ny + \left(\frac{\partial Y}{\partial x} - \frac{\partial X}{\partial y} \right) \cos nz \right\} d\sigma$$
$$= \pm \int_S (X\, dx + Y\, dy + Z\, dz)$$

2

n étant la normale à σ. On peut faire l'intégration sur le contour s dans une direction telle que l'intégrale du second membre soit précédée du signe $+$.

3. Un domaine à trois dimensions est *acyclique* ou à *connexion simple* si toute ligne fermée que l'on peut tirer à l'intérieur peut se réduire infiniment petite par une déformation continue sans sortir du domaine.

Si cette condition n'est pas vérifiée, le domaine est *cyclique* ou à *connexion multiple*. Supposons que par une coupure transversale un espace cyclique devienne acyclique, on dit alors que cette *connexion est double*. Si l'espace cyclique devient acyclique lorsqu'on fait deux coupures, on dit que la *connexion est triple*, et ainsi de suite. Dans tout domaine acyclique une ligne fermée peut être regardée comme le contour d'une surface située à l'intérieur du domaine.

4. Dans la théorie de l'élasticité on peut envisager un milieu continu et l'on peut supposer qu'il existe un *état naturel* où il n'y a aucune tension interne. Déplaçons infiniment peu les points du milieu, et soient u, v, w les composantes des déplacements, alors la déformation du milieu est définie par les quantités que les Anglais appellent *strains*

$$\gamma_{11} = \frac{\partial u}{\partial x} \quad \gamma_{22} = \frac{\partial v}{\partial y} \quad \gamma_{33} = \frac{\partial w}{\partial z}$$

$$\gamma_{32} = \gamma_{23} = \frac{\partial v}{\partial z} + \frac{\partial w}{\partial y}, \ \gamma_{13} = \gamma_{31} = \frac{\partial w}{\partial x} + \frac{\partial u}{\partial z}, \ \gamma_{21} = \gamma_{12} = \frac{\partial u}{\partial y} + \frac{\partial v}{\partial x}.$$

Il peut y avoir déplacement sans déformation lorsque ces quantités sont nulles.

Le potentiel des forces élastiques relatif à chaque élément dS du milieu déformé s'exprime par

$$F(\gamma_{11}, \gamma_{22}, \gamma_{33}, \gamma_{23}, \gamma_{31}, \gamma_{12})\, dS$$

où F est un polynôme homogène de 2^{d} degré par rapport à γ_{11}, γ_{22}, γ_{33}, γ_{23}, γ_{31}, γ_{12} qui est toujours négatif et s'annule seulement lorsque toutes les quantités γ_{rs} sont nulles.

La tension dans chaque point est caractérisée par les quantités

$$t_{11} = \frac{\partial F}{\partial \gamma_{11}}, \quad t_{22} = \frac{\partial F}{\partial \gamma_{22}}, \quad t_{33} = \frac{\partial F}{\partial \gamma_{33}},$$

$$t_{32} = t_{23} = \frac{\partial F}{\partial \gamma_{32}}, \ t_{13} = t_{31} = \frac{\partial F}{\partial \gamma_{31}}, \ t_{21} = t_{12} = \frac{\partial F}{\partial \gamma_{12}},$$

que les Anglais appellent *stress*.

La *tension unitaire* qui s'exerce sur chaque élément d'aire $d\sigma$ du milieu a pour composantes

$$T_x = t_{11} \cos nx + t_{12} \cos ny + t_{13} \cos nz$$
$$T_y = t_{21} \cos nx + t_{22} \cos ny + t_{23} \cos nz$$
$$T_z = t_{31} \cos nx + t_{32} \cos ny + t_{33} \cos nz$$

n étant la normale de l'élément $d\sigma$.

Si X, Y, Z sont les composantes des forces extérieures unitaires qui s'exercent sur chaque élément dS du corps élastique, et T_x, T_y, T_z les composantes de la tension unitaire qui s'exerce sur chaque élément du contour, les équations de l'équilibre élastique sont

$$(1) \quad \begin{cases} X = \dfrac{\partial t_{11}}{\partial x} + \dfrac{\partial t_{12}}{\partial y} + \dfrac{\partial t_{13}}{\partial z} \\[2mm] Y = \dfrac{\partial t_{21}}{\partial x} + \dfrac{\partial t_{22}}{\partial y} + \dfrac{\partial t_{23}}{\partial z} \\[2mm] Z = \dfrac{\partial t_{31}}{\partial x} + \dfrac{\partial t_{32}}{\partial y} + \dfrac{\partial t_{33}}{\partial z} \end{cases} \qquad (2) \quad \begin{cases} T_x = t_{11} \cos nx + t_{12} \cos ny + t_{13} \cos nz \\ T_y = t_{21} \cos nx + t_{22} \cos ny + t_{23} \cos nz \\ T_z = t_{31} \cos nx + t_{32} \cos ny + t_{33} \cos nz \end{cases}$$

où n est la normale au contour dirigée vers l'intérieur du corps.

Lorsque le corps est isotrope et homogène on a

$$F = \tfrac{1}{2}L\theta^2 + K\psi,$$

en ayant posé

$$\theta = \gamma_{11} + \gamma_{22} + \gamma_{33}, \quad \psi = \gamma_{11}^2 + \gamma_{22}^2 + \gamma_{33}^2 + \tfrac{1}{2}(\gamma_{23}^2 + \gamma_{31}^2 + \gamma_{12}^2);$$

c'est pourquoi

$$\begin{aligned} t_{11} &= L\theta + 2K\gamma_{11} & t_{23} &= K\gamma_{23} \\ t_{22} &= L\theta + 2K\gamma_{22} & t_{31} &= K\gamma_{31} \\ t_{33} &= L\theta + 2K\gamma_{33} & t_{12} &= K\gamma_{12}. \end{aligned}$$

L et K sont des quantités constantes et négatives, θ est la *dilatation cubique*.

Les équations (1) deviennent alors

$$(1') \quad \begin{cases} X = K\Delta^2 u + (L+K)\dfrac{\partial\theta}{\partial x} \\[2mm] Y = K\Delta^2 v + (L+K)\dfrac{\partial\theta}{\partial y} \\[2mm] Z = K\Delta^2 w + (L+K)\dfrac{\partial\theta}{\partial z} \end{cases}$$

4

le symbole Δ^2 représentant l'opération

$$\frac{\partial^2}{\partial x^2} + \frac{\partial^2}{\partial y^2} + \frac{\partial^2}{\partial z^2}.$$

6. Ayant rappelé ces notions fondamentales nous voulons montrer que la théorie de l'élasticité pour les corps ayant une forme cyclique se présente d'une manière différente que pour les corps acycliques, et cela tient au rôle que les solutions polydromes jouent dans la question.

On énonce en général le théorème qu'*un corps élastique qui n'est pas soumis à des actions externes est en équilibre*, et on tire de là que *les forces externes étant données la déformation du corps est connue*. Or ces propositions ne sont exactes que si le corps a une connexion simple.

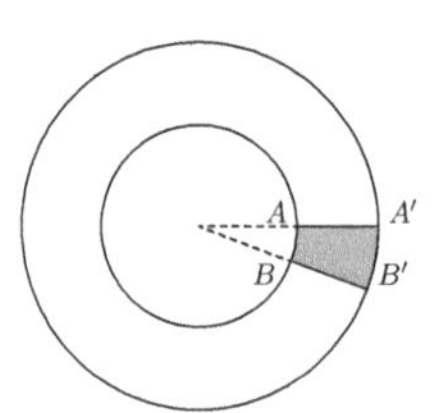

Pour montrer qu'il y a des cas où elles ne se vérifient pas, envisageons un *anneau*. Retranchons une tranche radiale AA', BB' très mince, et soudons les deux bouts AA' et BB'. Le corps après la soudure sera soumis à des tensions internes et cependant il ne supportera aucune action extérieure.

On pourrait soupçonner que quelque discontinuité ou quelque singularité s'est produite dans la déformation à l'endroit où l'on a fait la soudure ; mais on peut démontrer qu'il n'y a aucune singularité de cette sorte, de manière que si l'on voulait trouver l'endroit où l'on a fait la soudure par quelque particularité de la déformation il serait impossible de la retrouver.

On peut se demander à quoi tient la contradiction entre les propositions précédentes et le résultat que nous venons d'examiner.

Le nœud de la question est dans l'application du théorème de Gauss. En effet pour démontrer les propositions que nous avons énoncées tout à l'heure on suppose que dans les équations (1) et (2) $X = Y = Z = T_x = T_y = T_z = 0$, on multiplie les deux membres des équations (1) respectivement par u, v, w, qu'on somme, qu'on intègre et transforme par le théorème de Gauss. On tire de là que

$$\int_S F\, dS = 0,$$

S étant l'espace occupé par le corps élastique ; d'où l'on déduit

$$\gamma_{11} = \gamma_{22} = \gamma_{33} = \gamma_{23} = \gamma_{31} = \gamma_{12} = 0$$

c'est à dire que si les forces extérieures sont nulles il n'y a pas de déformation. Or nous avons remarqué que pour appliquer le théorème de Gauss il faut que toutes les fonctions qu'on emploie soient monodromes. Montrons que dans le cas de l'anneau les composantes des déplacements u, v, w sont polydromes.

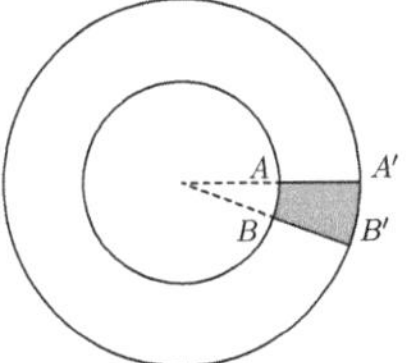 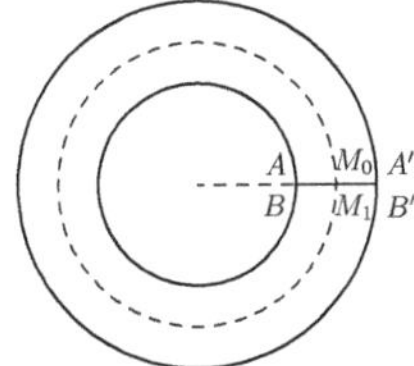

En effet examinons les déplacements après la soudure. Les points de AA' ne se seront pas déplacés tandis que les points de BB' se seront déplacés de la largeur de la fissure qu'on a faite. C'est pourquoi si nous partons d'un point M_0 de AA', parcourons un cycle à l'intérieur de l'anneau et prenons les valeurs des déplacements qui se suivent avec continuité, nous revenons au point de départ de l'autre côté M_1 de la coupure avec des valeurs des déplacements différents des valeurs qu'on avait au point de départ. C'est un cas de polydromie analogue à celui que nous avons envisagé dans le premier §.

On tire de là deux conséquences :

La première est que pour rendre exactes les deux propositions qu'on a énoncées il faut ajouter la condition que les déplacements soient monodromes.

La seconde conséquence est qu'il faut reposer la question :

Quand est-ce que les déplacements peuvent être polydromes ?

7. Dans les considérations que nous venons de faire nous nous sommes laissés conduire par l'intuition ; mais il serait dangereux de continuer de la sorte. En effet par intuition on serait amené à penser que le même résultat qu'on a obtenu dans le cas de l'anneau on pourrait l'obtenir dans le cas d'un corps acyclique quelconque en y retranchant une tranche très-mince et en soudant les faces de la coupure. Or dans ce cas, par cette opération, la déformation du corps ne serait pas régulière, c'est pourquoi tout se présenterait d'une manière différente, que dans le cas de l'anneau.

Nous allons démontrer que si l'on suppose que la déformation est régulière, c'est à dire que si $\gamma_{11}, \gamma_{22}, \gamma_{33}, \gamma_{23}, \gamma_{31}, \gamma_{12}$ sont des fonctions finies monodromes et continues et que leurs dérivées sont aussi finies continues et monodromes, la polydromie des déplacements ne peut se présenter que si le corps a une forme cyclique.

Il suffit de trouver des formules par lesquelles on puisse calculer u, v, w en connaissant les quantités γ_{rs}.

Soit s une ligne, et désignons par A_0 et A_1 ses points extrêmes. Soient $\gamma_{rs}^{(0)}$ et $\gamma_{rs}^{(1)}$ les valeurs de γ_{rs} aux points A_0 et A_1, $x_0\, y_0\, z_0$ les coordonnées de A_0, $x_1\, y_1\, z_1$

les coordonnées de A_1. Les valeurs de u, v, w au point A_1 seront données par les formules

$$\text{(I)} \quad u_1 = u_0 + \frac{1}{2}(\gamma_{21}^{(0)} + r_0)(y_1 - y_0) + \frac{1}{2}(\gamma_{31}^{(0)} - q_0)(z_1 - z_0)$$

$$+ \int_s \left\{ \left[\gamma_{11} + (y_1 - y)\frac{\partial \gamma_{11}}{\partial y} + (z_1 - z)\frac{\partial \gamma_{11}}{\partial z} \right] \frac{dx}{ds} \right.$$

$$+ \left[(y_1 - y)\left(\frac{\partial \gamma_{12}}{\partial y} - \frac{\partial \gamma_{22}}{\partial x} \right) + \left(\frac{z_1 - z}{2} \right)\left(\frac{\partial \gamma_{21}}{\partial z} + \frac{\partial \gamma_{31}}{\partial y} - \frac{\partial \gamma_{23}}{\partial x} \right) \right] \frac{dy}{ds}$$

$$+ \left. \left[\left(\frac{y_1 - y}{2} \right)\left(\frac{\partial \gamma_{21}}{\partial z} + \frac{\partial \gamma_{31}}{\partial y} - \frac{\partial \gamma_{23}}{\partial x} \right) + (z_1 - z)\left(\frac{\partial \gamma_{13}}{\partial z} - \frac{\partial \gamma_{33}}{\partial x} \right) \right] \frac{dz}{ds} \right\} ds$$

$$\text{(I')} \quad v_1 = v_0 + \frac{1}{2}(\gamma_{32}^{(0)} + p_0)(z_1 - z_0) + \frac{1}{2}(\gamma_{12}^{(0)} - r_0)(x_1 - x_0)$$

$$+ \int_s \left\{ \left[\left(\frac{z_1 - z}{2} \right)\left(\frac{\partial \gamma_{32}}{\partial x} + \frac{\partial \gamma_{12}}{\partial z} - \frac{\partial \gamma_{31}}{\partial y} \right) + (x_1 - x)\left(\frac{\partial \gamma_{21}}{\partial x} - \frac{\partial \gamma_{11}}{\partial y} \right) \right] \frac{dx}{ds} \right.$$

$$+ \left[\gamma_{22} + (z_1 - z)\frac{\partial \gamma_{22}}{\partial z} + (x_1 - x)\frac{\partial \gamma_{22}}{\partial x} \right] \frac{dy}{ds}$$

$$+ \left. \left[(z_1 - z)\left(\frac{\partial \gamma_{23}}{\partial z} - \frac{\partial \gamma_{33}}{\partial y} \right) + \left(\frac{x_1 - x}{2} \right)\left(\frac{\partial \gamma_{32}}{\partial x} + \frac{\partial \gamma_{12}}{\partial z} - \frac{\partial \gamma_{31}}{\partial y} \right) \right] \frac{dz}{ds} \right\} ds$$

$$\text{(I'')} \quad w_1 = w_0 + \frac{1}{2}(\gamma_{13}^{(0)} + q_0)(x_1 - x_0) + \frac{1}{2}(\gamma_{23}^{(0)} - p_0)(y_1 - y_0)$$

$$+ \int_s \left\{ \left[(x_1 - x)\left(\frac{\partial \gamma_{31}}{\partial x} - \frac{\partial \gamma_{11}}{\partial z} \right) + \left(\frac{y_1 - y}{2} \right)\left(\frac{\partial \gamma_{13}}{\partial y} + \frac{\partial \gamma_{23}}{\partial x} - \frac{\partial \gamma_{12}}{\partial z} \right) \right] \frac{dx}{ds} \right.$$

$$+ \left[\left(\frac{x_1 - x}{2} \right)\left(\frac{\partial \gamma_{13}}{\partial y} + \frac{\partial \gamma_{23}}{\partial x} - \frac{\partial \gamma_{12}}{\partial z} \right) + (y_1 - y)\left(\frac{\partial \gamma_{32}}{\partial y} - \frac{\partial \gamma_{22}}{\partial z} \right) \right] \frac{dy}{ds}$$

$$+ \left. \left[\gamma_{33} + (x_1 - x)\frac{\partial \gamma_{33}}{\partial x} + (y_1 - y)\frac{\partial \gamma_{33}}{\partial y} \right] \frac{dz}{ds} \right\} ds$$

où u_0, v_0, w_0 sont les valeurs de u, v, w au point A_0 et p_0, q_0, r_0 sont égales aux valeurs des différences

$$\frac{\partial v}{\partial z} - \frac{\partial w}{\partial y}, \quad \frac{\partial w}{\partial x} - \frac{\partial u}{\partial z}, \quad \frac{\partial u}{\partial y} - \frac{\partial v}{\partial x}$$

au point A_0.

On le vérifie aisément en faisant les dérivées de u_1, v_1, w_1 par rapport à x_1, y_1, z_1.

Il faut maintenant chercher les conditions pour la monodromie.

Supposons que la ligne s se réduise à un cycle fermé. Si le corps élastique occupe une région acyclique, on pourra regarder s comme le contour d'une surface σ

située à l'intérieur du corps ; c'est pourquoi les intégrales qui paraissent dans les formules précédentes pourront se transformer par le théorème de Stokes et elles s'écriront

$$\int_\sigma \left\{ \left[\frac{y_1 - y}{2}B - \frac{z_1 - z}{2}C \right] \cos nx + \left[(z_1 - z)F + \frac{y_1 - y}{2}A \right] \cos ny + \left[(y_1 - y)G + \frac{z_1 - z}{2}A \right] \cos nz \right\} d\sigma$$

$$\int_\sigma \left\{ \left[(z_1 - z)E + \frac{x_1 - x}{2}B \right] \cos nx + \left[\frac{z_1 - z}{2}C - \frac{x_1 - x}{2}A \right] \cos ny + \left[(x_1 - x)G + \frac{z_1 - z}{2}B \right] \cos nz \right\} d\sigma$$

$$\int_\sigma \left\{ \left[(y_1 - y)E + \frac{x_1 - x}{2}C \right] \cos nx + \left[(x_1 - x)F + \frac{y_1 - y}{2}C \right] \cos ny + \left[\frac{x_1 - x}{2}A - \frac{y_1 - y}{2}B \right] \cos nz \right\} d\sigma$$

où n est la normale à σ et

$$A = \frac{\partial}{\partial x}\left(\frac{\partial \gamma_{31}}{\partial y} + \frac{\partial \gamma_{12}}{\partial z} - \frac{\partial \gamma_{23}}{\partial x} \right) - 2\frac{\partial^2 \gamma_{11}}{\partial z \partial y} \qquad E = \frac{\partial^2 \gamma_{32}}{\partial y \partial z} - \frac{\partial^2 \gamma_{22}}{\partial z^2} - \frac{\partial^2 \gamma_{33}}{\partial y^2}$$

$$B = \frac{\partial}{\partial y}\left(\frac{\partial \gamma_{12}}{\partial z} + \frac{\partial \gamma_{23}}{\partial x} - \frac{\partial \gamma_{31}}{\partial y} \right) - 2\frac{\partial^2 \gamma_{22}}{\partial x \partial z} \qquad F = \frac{\partial^2 \gamma_{31}}{\partial z \partial x} - \frac{\partial^2 \gamma_{33}}{\partial x^2} - \frac{\partial^2 \gamma_{11}}{\partial z^2}$$

$$C = \frac{\partial}{\partial z}\left(\frac{\partial \gamma_{23}}{\partial x} + \frac{\partial \gamma_{31}}{\partial y} - \frac{\partial \gamma_{12}}{\partial z} \right) - 2\frac{\partial^2 \gamma_{33}}{\partial y \partial x} \qquad G = \frac{\partial^2 \gamma_{12}}{\partial x \partial y} - \frac{\partial^2 \gamma_{11}}{\partial y^2} - \frac{\partial^2 \gamma_{22}}{\partial x^2}$$

Mais par un théorème de De Saint Venant on a

$$A = B = C = E = F = G = 0$$

c'est pourquoi les intégrales des formules (I)(I')(I'') s'annuleront, et on aura

$$u_1 = u_0 \quad v_1 = v_0 \quad w_1 = w_0$$

ce qui prouve que si la forme du corps est acyclique et la déformation régulière, les déplacements sont monodromes. Mais si le corps est cyclique, le cycle fermé s n'est pas en général le contour d'une surface σ appartenant à la région occupée par le corps, et par suite on ne peut pas en général appliquer le théorème de Stokes et enfin les déplacements peuvent être polydromes.

8. On peut résumer les résultats qu'on vient d'obtenir en énonçant les propositions suivantes. *Un corps élastique ayant une forme acyclique et une déformation régulière peut être amené à l'état naturel par des déplacements finis continus et monodromes.*

Si le corps élastique a une forme cyclique, cela n'est pas toujours possible, et pour l'amener à l'état naturel il sera nécessaire quelquefois de faire des coupures et de retrancher des parties du corps.

Un corps élastique fini ayant une forme acyclique et n'étant pas sujet à des forces extérieures est à l'état naturel si la déformation ne peut cesser d'être

8

régulière, mais si le corps est cyclique, le corps peut être à l'état de tension, même si n'existent pas des actions extérieures.

Les forces extérieures étant connues, la déformation régulière d'un corps acyclique est connue, mais celle d'un corps cyclique n'est pas connue. Elle est connue seulement dans le cas où l'on sait d'avance que le corps élastique peut être amené à l'état naturel par des déplacements monodromes.

<h1 align="center">3ième leçon.</h1>

9. Lorsque le corps est cyclique, on peut le réduire acyclique en faisant des coupures. Les formules (I)(I′)(I″) donnent aisément la loi des discontinuités des déplacements le long des coupures. Les valeurs des déplacements d'un côté d'une coupure étant u_α, v_α, w_α et celles de l'autre côté étant u_β, v_β, w_β on a

$$(3) \qquad \begin{cases} u_\beta - u_\alpha = l + ry - qz \\ v_\beta - v_\alpha = m + pz - rx \\ w_\beta - w_\alpha = n + qx - py \end{cases}$$

l, m, n, p, q, r, étant des quantités constantes pour chaque coupure.

A chaque coupure correspondent donc 6 valeurs constantes qu'on peut appeler les constantes de la coupure, et l'on a le théorème :

Un corps élastique cyclique étant déformé régulièrement, la déformation est déterminée par les forces extérieures et les constantes de chaque coupure.

On voit par là que les problèmes de l'élasticité pour les corps cycliques se présentent d'une manière fort différente que pour les corps acycliques.

10. Les formules (3) montrent très-facilement la signification mécanique des constantes de chaque coupure. En effet supposons que nous fassions effectivement les coupures dans le corps cyclique déformé de manière qu'il puisse reprendre l'état naturel ; et s'il est nécessaire retranchons les parties surabondantes du corps.

Alors les formules (3) nous montrent que *les molécules situées des deux côtés de chaque coupure et qui adhéraient auparavant, ont été séparées par un déplacement relatif qui résulte d'une translation et d'une rotation. Cette translation et cette rotation sont égales pour tous les couples de molécules qui adhéraient le long de la coupure.*

Si l'on prend pour centre de réduction l'origine, les constantes de la coupure sont les composantes de la translation et de la rotation par rapport aux axes coordonnés.

Réciproquement pour déformer le corps cyclique on pourra faire les coupures qui le rendent acyclique. Ensuite, l'on pourra déplacer les deux faces de chaque coupure de manière que le déplacement relatif de tous les couples de molécules qui se trouvent vis à vis soit résultant de la même rotation et de la même translation. Enfin on pourra souder entre elles les faces en retranchant ou en ajoutant la matière qui sera nécessaire.

Nous appelons cette opération une *distorsion* du corps et les 6 constantes de chaque coupure les *caractéristiques* de chaque distorsion.

Les formules (I)(I′)(I″) conduisent aussi immédiatement à un autre résultat.

Prenons deux coupures qui peuvent se réduire l'une à l'autre par une transformation continue, alors *les caractéristiques des deux coupures sont égales entre elles.*

On voit par là que les caractéristiques d'une distorsion ne dépendent pas des coupures que l'on a faites, mais de la déformation du corps et de sa nature géométrique. *Le nombre des distorsions indépendantes d'un corps est égal à l'ordre de la connexion diminué d'une unité.*

11. Une question qui se pose naturellement est la suivante : *Peut-on choisir toutes les caractéristiques d'une manière arbitraire ?*

On démontre en général que les caractéristiques des distorsions étant données d'une manière arbitraire, le problème de la déformation du corps peut être ramené à un problème ordinaire de l'équilibre où le corps n'est assujetti à aucune distorsion mais seulement à des forces données.

Nous laisserons de côté ce théorème, général, et nous envisagerons un cas particulier. Soit σ une aire finie du plan xz qui ne rencontre pas l'axe z. Faisons tourner le plan autour de cet axe et en même temps déformons et déplaçons l'aire σ dans le plan de manière qu'elle ne rencontre jamais l'axe z et qu'elle revienne à la forme et à la position initiale après avoir fait un tour.

L'aire σ décrit un volume à connexion double qu'on peut supposer rempli d'une substance élastique isotrope. l, m, n, p, q, r, étant des constantes, posons

$$(4)\quad\begin{cases} u = \dfrac{1}{2\pi}\left\{(l - qz + ry)\,\text{arc tg}\,\dfrac{y}{x} + \dfrac{1}{2}\left(-m - pz - \dfrac{rK}{L + 2K}x\right)\log(x^2 + y^2)\right\} \\[3mm] v = \dfrac{1}{2\pi}\left\{(m - rx + pz)\,\text{arc tg}\,\dfrac{y}{x} + \dfrac{1}{2}\left(l - qz - \dfrac{rK}{L + 2K}y\right)\log(x^2 + y^2)\right\} \\[3mm] w = \dfrac{1}{2\pi}\left\{(n - py + qx)\,\text{arc tg}\,\dfrac{y}{x} + \dfrac{1}{2}(px + qy)\log(x^2 + y^2)\right\}. \end{cases}$$

On vérifie aisément que ces fonctions satisfont les équations (1′) et en même temps à cause de la polydromie de la fonction arc tg $\frac{y}{x}$ (Voir § 1) qu'elles sont polydromes et correspondent à la distorsion la plus générale du corps, l, m, n, p, q, r sont les caractéristiques de la distorsion. Il est facile de calculer les tensions qui agissent sur la surface libre du corps.

10

1. Le problème fondamental de la théorie des *distorsions* des corps élastiques ayant une forme cyclique est de déterminer la déformation du corps lorsque les caractéristiques des distorsions sont données.

Nous allons calculer l'énergie d'un corps élastique qui n'est assujetti à aucune action externe et dont les distorsions sont connues.

L'énergie est donnée par

$$E = -\int_S F\,dS = -\frac{1}{2}\int_S (t_{11}\gamma_{11} + t_{22}\gamma_{22} + t_{33}\gamma_{33} + t_{23}\gamma_{23} + t_{31}\gamma_{31} + t_{12}\gamma_{12})\,dS$$

où S est le volume du corps.

On peut maintenant transformer cette intégrale en employant le théorème de Gauss, mais il faut prendre garde que u, v, w sont des fonctions polydromes. C'est pourquoi l'application directe du théorème ne peut pas se faire comme nous avons déjà vu dans la leçon précédente.

2. Pour pouvoir appliquer le théorème de Gauss il faut commencer par sectionner le volume S de sorte qu'il devienne acyclique, et il faut ensuite regarder les deux faces de chaque coupure comme faisant partie du contour du corps.

On trouve alors, en désignant par $\sigma_1\,\sigma_2\,\ldots\,\sigma_n$ les coupures, que la transformation de l'intégrale conduit à la formule suivante

$$E = \frac{1}{2}\sum_1^n \int_{\sigma_i} \{X_i(u_\alpha^{(i)} - u_\beta^{(i)}) + Y_i(v_\alpha^{(i)} - v_\beta^{(i)}) + Z_i(w_\alpha^{(i)} - w_\beta^{(i)})\}\,d\sigma_i$$

$$= \frac{1}{2}\sum_1^n \left\{ l_i\int_{\sigma_i} X_i\,d\sigma_i + m_i\int_{\sigma_i} Y_i\,d\sigma_i + n_i\int_{\sigma_i} Z_i\,d\sigma_i \right.$$

$$\left. + p_i\int_{\sigma_i} (Y_iz - Z_iy)\,d\sigma_i + q_i\int_{\sigma_i} (Z_ix - X_iz)\,d\sigma_i + r_i\int_{\sigma_i} (X_iy - Y_ix)\,d\sigma_i \right\}$$

où $u_\alpha^{(i)}$, $v_\alpha^{(i)}$, $w_\alpha^{(i)}$; $u_\beta^{(i)}$, $v_\beta^{(i)}$, $w_\beta^{(i)}$, sont les valeurs des composantes des déplacements des deux côtés de la coupure σ_i : $l_i, m_i, n_i, p_i, q_i, r_i$ sont les caractéristiques de la distorsion relatives à la coupure σ_i ; et $X_i\,Y_i\,Z_i$ sont les composantes de la tension unitaire qui s'exerce sur chaque élément d'aire de la même coupure.

Posons

$$L_i = \int_{\sigma_i} X_i\,d\sigma_i \qquad M_i = \int_{\sigma_i} Y_i\,d\sigma_i \qquad N_i = \int_{\sigma_i} Z_i\,d\sigma_i$$

$$P_i = \int_{\sigma_i} (Y_iz - Z_iy)\,d\sigma_i \quad Q_i = \int_{\sigma_i} (Z_ix - X_iz)\,d\sigma_i \quad R_i = \int_{\sigma_i} (X_iy - Y_ix)\,d\sigma_i$$

on aura

$$E = \frac{1}{2}\sum_{i=1}^n (L_il_i + M_im_i + N_in_i + P_ip_i + Q_iq_i + R_ir_i).$$

Si l'on compose les tensions qui sont appliquées sur la coupure σ_i, en prenant pour centre de réduction l'origine, on trouve que L_i, M_i, N_i sont les composantes de la force résultante et P_i, Q_i, R_i les composantes de la couple résultante.

On peut écrire la formule précédente d'une manière plus simple en appelant $s_1 \, s_2 \ldots s_{6n}$ les quantités l_i, m_i, n_i et $E_1, E_2 \ldots E_{6n}$ les quantités correspondantes L_i, M_i, N_i ; elle devient en effet

$$E = \frac{1}{2} \sum_{1}^{6n} E_i s_i.$$

Supposons que les quantités $s_1 \, s_2 \ldots s_{6n}$ soient nulles excepté $s_h = 1$. Appelons E_{ih} les valeurs correspondantes des coefficients E_i. Lorsque $s_1 \, s_2 \ldots s_{6n}$ sont quelconques on aura

$$E_i = \sum_{1}^{6n} E_{ih} s_h$$

c'est pourquoi

$$E = \frac{1}{2} \sum_{i=1}^{6n} \sum_{h=1}^{6n} E_{ih} s_i s_h.$$

3. Nous allons démontrer maintenant une propriété fondamentale des coefficients E_{ih}, et nous nous permettons à ce propos de faire quelques remarques générales.

Green a démontré par l'application du théorème de Gauss un théorème fondamental dans la théorie du potentiel. Mais le théorème de Green n'est pas borné au cas du potentiel, il peut s'étendre à un nombre considérable de cas. J'ai démontré qu'il peut s'étendre à tous les problèmes qui dépendent du calcul des variations.

Même le problème de l'élasticité, comme tout problème de mécanique, se rattache à une question de calcul de variation, c'est pourquoi on a le théorème analogue à celui de Green pour l'élasticité. Il a été donné pour la première fois par Betti qui en a fait des applications remarquables pour l'intégration des problèmes de l'équilibre élastique. Cerruti, Boussinesq, Somigliania ont continué par le chemin qui avait été tracé par Betti.

Or si les déplacements sont polydromes, puisque le théorème de Gauss ne peut plus s'appliquer, le théorème de Betti n'est plus applicable. Nous allons voir cependant qu'on peut reprendre, même dans ce cas, l'idée fondamentale de Green, et l'on est amené par là à une loi de réciprocité fort intéressante.

Supposons que nous appliquons successivement au corps élastique deux distorsions caractérisées par les valeurs $s'_1, s'_2, \ldots s'_{6n}$ et $s''_1, s''_2 \ldots s''_{6n}$ des caractéristiques. Soient γ'_{rs} et γ''_{rs} les valeurs des γ_{rs} correspondant aux deux déformations, F' et F'' les valeurs du potentiel élastique.

On aura, par un théorème bien connu d'algèbre,

$$\int_S \sum \frac{\partial F'}{\partial \gamma'_{rs}} \gamma''_{rs}\, dS = \int_S \sum \frac{\partial F''}{\partial \gamma''_{rs}} \gamma'_{rs}\, dS$$

et si nous transformons ces intégrales, après avoir réduit acyclique le volume S par les coupures, en regardant toujours les faces des coupures comme faisant partie du contour du volume S on trouve

$$\sum_1^{6n} E''_i s'_i = \sum_1^{6n} E'_i s''_i$$

E''_i et E'_i étant les valeurs des quantités E_i correspondant aux deux distorsions. On tire de là

$$\sum_{i=1}^{6n} \sum_{h=1}^{6n} E_{ih} s'_i s''_h = \sum_{i=1}^{6n} \sum_{h=1}^{6n} E_{ih} s''_i s'_h$$

et puisque les quantités s'_i et s''_i sont arbitraires, on doit avoir

$$E_{ih} = E_{hi}.$$

Cette propriété réciproque des coefficients E_{ih} peut s'interpréter de plusieurs manières et conduit à des théorèmes mécaniques qu'on énonce facilement.

On peut appeler l'ensemble de la force ayant pour composantes L_i, M_i, N_i et de la couple ayant pour composantes P_i, Q_i, R_i *l'effort total* appliqué à la coupure σ_i et l'on peut appeler toutes les quantités $E_1, E_2 \ldots E_{6n}$ les *caractéristiques des efforts*.

On a alors que *si deux systèmes de distorsions engendrent deux systèmes d'efforts, la somme des produits des caractéristiques des efforts du premier système multipliées par les caractéristiques des distorsions du second système est égale à la somme des produits des caractéristiques des efforts du second système multipliées par les caractéristiques des distorsions du premier système.*

Lorsque les quantités $s_1, s_2 \ldots, s_{6n}$ sont nulles excepté $s_h = 1$ la distorsion peut s'appeler une *distorsion élémentaire d'ordre h*. E_{ih} est l'effort d'ordre i engendré par la distorsion élémentaire d'ordre h. E_{hh} est l'effort conjugué de la distorsion élémentaire. Le théorème précédent peut donc s'énoncer en disant que *l'effort d'ordre i engendré par la distorsion élémentaire d'ordre h est égal à l'effort d'ordre h engendré par la distorsion élémentaire d'ordre i.*

4ième leçon.

4. Nous avons démontré dans la leçon précédente que la même distorsion exécutée sur deux coupures qui peuvent se réduire l'une à l'autre par une déformation continue engendre la même déformation du corps.

Les deux coupures peuvent s'appeler à cause de cela des *coupures équivalentes*. Le théorème qu'on vient de rappeler peut être complété en démontrant que les efforts dans les coupures équivalentes sont égaux. Prenons en effet la partie du corps entre deux coupures équivalentes. Les tensions qui sollicitent les éléments des coupures doivent se faire équilibre. On tire de là tout de suite l'égalité des deux efforts.

Donc les efforts dépendent, comme les distorsions, de la nature géométrique du corps et de la déformation.

Le problème que l'on peut se proposer est d'étudier les propriétés des efforts et de les déterminer, les distorsions étant données.

Nous allons voir que l'on peut obtenir des théorèmes généraux sans intégrer directement les équations de l'élasticité.

5. Supposons que nous ayons un solide de révolution qui ait une connexion double ; il peut être engendré par la révolution d'une aire plane simplement connexe autour d'un axe du plan qui ne la rencontre pas, ou il peut être engendré par la rotation d'une aire doublement connexe limitée par l'axe. Supposons que le solide soit rempli d'une substance électrique dont la constitution soit symétrique par rapport à l'axe.

L'énergie du système est donnée par

$$E = \tfrac{1}{2} \sum_1^6 \sum_1^6 E_{ih} s_i s_h$$

où

$$s_1 = l, \quad s_2 = m, \quad s_3 = n, \quad s_4 = p, \quad s_5 = q, \quad s_6 = r.$$

Cette expression peut se comparer à la force vive d'un liquide indéfini sans tourbillons à l'intérieur duquel se trouve un corps solide symétrique, et l'on peut répéter dans ce cas des raisonnements tout à fait semblables à ceux que l'on fait dans cette question d'hydrodynamique. On trouve par là, en vertu de la symétrie, qu'on peut toujours choisir l'origine en un point de l'axe de symétrie de manière que l'expression de E devienne

$$E = \tfrac{1}{2}\{E_{11}(s_1^2 + s_2^2) + E_{33}\, s_3^2 + E_{44}(s_4^2 + s_5^2) + E_{66}\, s_6^2\}.$$

L'origine s'appelle le *point central de l'axe de symétrie.*

Les quantités E_{ih} sont nulles lorsque i et h ne sont pas égaux ; c'est pourquoi on a le théorème :

Dans un corps symétrique qui a une connexion double chaque distorsion élémentaire engendre un seul effort qui est l'effort conjugué, le centre de réduction étant dans le point central de l'axe de symétrie.

14

Donc si la distorsion est due à une translation relative des molécules des deux faces de la coupure, l'effort total engendré est une force qui passe par le point central, et si la distorsion est une rotation l'effort total est une couple.

Revenons à l'exemple primitif des distorsions. Prenons un anneau symétrique, retranchons une mince tranche radiale, et soudons les deux bouts. On serait facilement amené à croire que les faces de la soudure sont sollicitées par une traction, mais si nous réfléchissons que le déplacement relatif des molécules situées d'un côté de la coupure par rapport à celles situées de l'autre côté est dû à une rotation autour de l'axe de symétrie, on tire du théorème précédent que l'-effort est une couple ayant pour axe l'axe de symétrie.

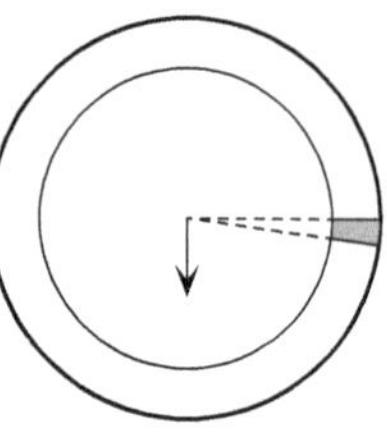

Mais si la résultante des tensions qui s'exercent sur les faces de la soudure est une couple, il faut qu'une partie de la soudure soit comprimée et qu'une partie soit tendue, et même que *la somme des efforts de traction égalise la somme des efforts de compression.*

On arrive par là à un résultat qui est inattendu.

Supposons maintenant que la même tranche re-tranchée ait une largeur uniforme. La distorsion con-siste alors dans une translation, et l'effort est une force normale à l'axe de symétrie et qui le rencontre au point central. Même dans ce cas une partie de la soudure est comprimée et une partie supporte une traction, mais si nous envisageons l'énergie du système, on a aisément que dans le cas de la fissure radiale la partie comprimée est la partie interne de la soudure et la partie externe supporte la traction, tandis qu'on a le contraire si la fissure est de largeur uniforme.

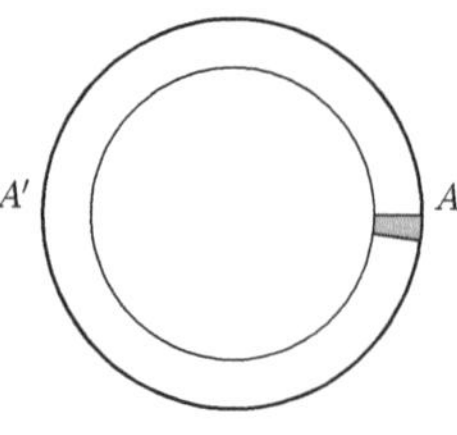

Appliquons maintenant le théorème des coupures équivalentes. On en tire que si la fissure est radiale toute section de l'anneau supporte, d'une manière symétrique, la compression et la traction, mais dans le cas de la fissure uniforme dans la région A' de l'anneau opposée à la soudure A les choses sont renversées, et une section en A' supporte dans la partie interne la compression et dans la partie externe la traction.

Voilà que par la considération de l'énergie du système déformé on tire un grand nombre de propriétés sans intégrer les équations de l'équilibre élastique.

12. Il est intéressant cependant d'approfondir le cas de l'anneau symétrique isotrope en étudiant en détail les déformations produites par les distorsions. Il faut pour cela intégrer effectivement les équations de l'équilibre et il est nécessaire de

partir des formules (6) que nous avons données dans la précédente leçon.

Nous envisageons un cylindre creux symétrique isotrope, nous prenons l'origine dans le centre de symétrie, et faisons coïncider l'axe z avec l'axe de symétrie. Les déplacements donnés par les formules (4) de la leçon précédente correspondent à la distorsion la plus générale ayant pour caractéristiques l, m, n, p, q, r ; mais si nous calculons les tensions qui sollicitent le corps, nous voyons que pour obtenir ce cas d'équilibre il faut supposer que les surfaces latérales et les bases du cylindre soient sollicitées par des tensions. Or nous voulons envisager le cas où le cylindre est déformé par la distorsion et n'est pas assujetti à des actions externes. Il faut donc éliminer les tensions superficielles.

Représentons par T l'ensemble de ces tensions. Supposons maintenant que le cylindre primitif n'ayant pas de distorsions soit soumis à l'action des tensions $-T$, c'est à dire des tensions égales et contraires aux tensions T. Soient $u' \, v' \, w'$ les déplacements qu'on trouve. En prenant les différences

$$u - u' \quad v - v' \quad w - w'$$

on aura des déplacements qui correspondent à la distorsion du corps, mais en même temps les tensions au contour auront été éliminées. On voit par là que l'élimination des tensions au contour est un problème ordinaire de l'équilibre élastique qu'on peut tâcher de résoudre par les méthodes ordinaires.

Dans les formules (4) nous avons 6 constantes arbitraires qui correspondent aux six distorsions élémentaires. On peut simplifier beaucoup le problème en envisageant séparément chaque distorsion élémentaire. On voit par la symétrie que les distorsions d'ordre 1 et 2 se ramènent l'une à l'autre et de même celles d'ordre 4 et 5. Il suffit donc d'envisager les distorsions d'ordre

2, 3, 5, 6.

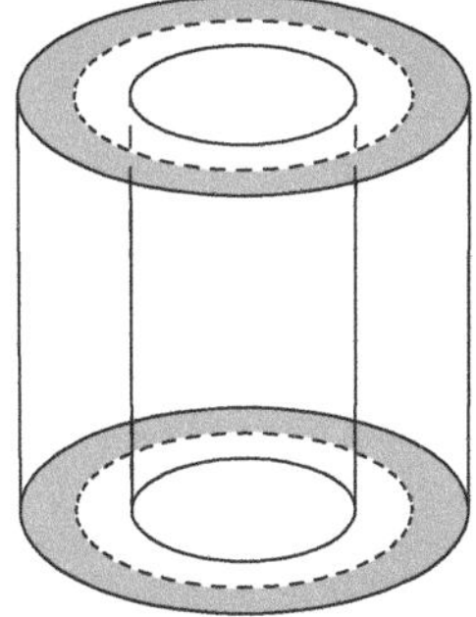

Commençons par celles d'ordre 6 et 2. La distorsion d'ordre 6 correspond évidemment à la *fissure radiale* et celle d'ordre 2 à la *fissure de largeur uniforme*.

Dans le cas de la distorsion d'ordre 6 on élimine très aisément, en vertu de la symétrie, les tensions latérales, et l'on trouve qu'après la distorsion le corps garde sa forme cylindrique régulière et les bases gardent leur distance initiale si on les comprime dans la région (interne) que nous avons laissée en blanc et si on exerce une traction dans la région (externe) que nous avons hachée. Appelons T l'ensemble de ces tensions. Il n'y a plus de difficulté alors à déterminer la forme du corps lorsqu'il est complètement libre et qu'aucune force ne s'exerce sur les bases. En effet il suffit d'envisager un cylindre à l'état naturel et de chercher la déformation lorsqu'on le sollicite par les tensions $-T$. La forme que le corps prendra sera celle que nous cherchons. Prenons une tranche radiale du cylindre : la partie en blanc supportera une traction, la partie hachée une compression ; c'est pourquoi cette tranche subira une flexion.

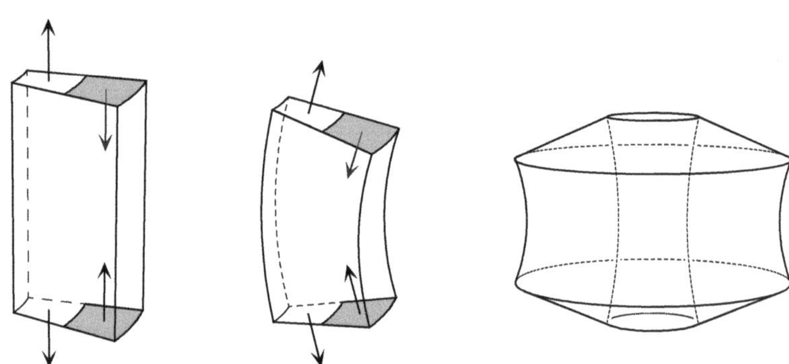

Chaque tranche du cylindre se déformant par une flexion pareille le cylindre prendra la forme indiquée par la figure voisine, c'est à dire que le bord interne se soulèvera, le bord externe s'abaissera tandis que la surface latérale externe deviendra concave, et la surface latérale interne convexe.

J'ai voulu vérifier par l'expérience ce résultat, et j'ai pris un gros cylindre creux de caoutchouc, j'y ai fait une fissure radiale, et j'ai soudé les deux faces de la fissure. La forme prise par le corps a été celle que le calcul avait prévue, et l'on a pu même vérifier par des mesures que les résultats des calculs étaient exacts. On pouvait aussi remarquer que la partie interne de la soudure était comprimée et que la partie externe supportait un effort de traction. A cause de cet effort la soudure ne résistait pas, c'est pourquoi pour garder la forme j'en ai pris le modèle en plâtre que je vous montre. L'endroit de la coupure est parfaitement visible.

Quelquefois il arrive que l'on veut rétrécir un tube, mais si l'on retranche une tranche radiale du tube et que l'on soude les deux faces, le tube prend sa forme cylindrique. Les forgerons et tous ceux qui ont essayé cette opération connaissent très-bien ce résultat que maintenant la théorie des solutions polydromes explique parfaitement.

13. Quelle est maintenant la forme du cylindre lorsqu'on fait la fissure de largeur uniforme, c'est à dire lorsqu'on fait une distorsion d'ordre 2 ?

On peut procéder tout à fait de la même manière que dans le cas précédent. On peut commencer par éliminer les tensions latérales et après les tensions sur les bases. La forme prise par le corps est même plus compliquée que dans le cas précédent. Elle est représentée par la figure ci-jointe, et voici un plâtre qui est le modèle d'un cylindre de caoutchouc qui a supporté une distorsion d'ordre 2. Même dans ce cas l'expérience a vérifié complètement les résultats du calcul.

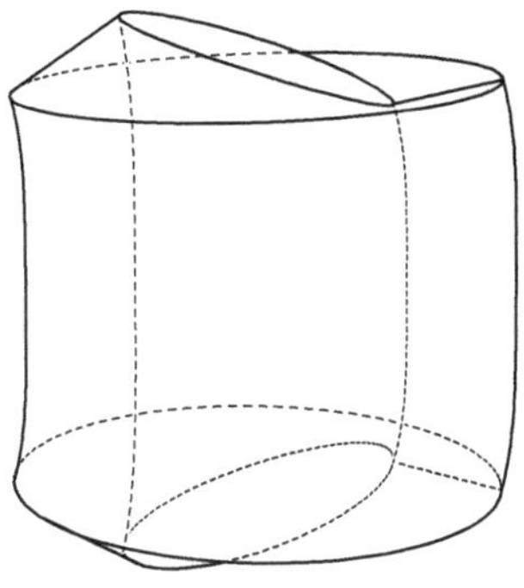

Je n'entre pas dans les détails sur les distorsions d'ordre 5 et d'ordre 3. La première peut se déduire de celle d'ordre 2 par des intégrations simples, et la dernière peut se calculer directement sans difficulté. Cette distorsion s'obtient en faisant glisser les deux faces de la coupure, l'une par rapport à l'autre, dans la direction de l'axe du cylindre et en les soudant ensuite.

Nous avons dit (§ 4) qu'on peut se proposer le problème de déterminer les efforts lorsqu'on connaît les distorsions d'un corps cyclique. Avant de laisser ce sujet nous voulons indiquer en peu de mots comment on peut traiter cette question dans le cas général d'un corps cyclique formé par un nombre quelconque de verges droites ou courbes très-minces soudées à leurs bouts en plusieurs nœuds.

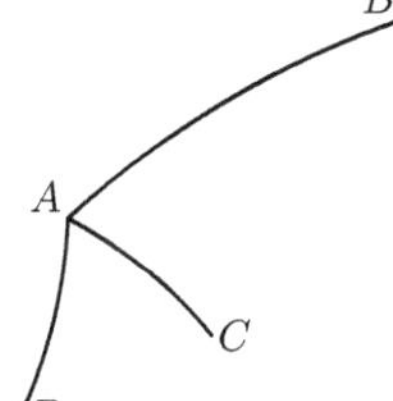

Soit AB l'une des verges, les efforts dans toutes les sections de la verge seront égaux. Prenons l'origine comme centre de réduction, et désignons par

$$X_1^{(ab)} \; X_2^{(ab)} \; X_3^{(ab)} \; X_4^{(ab)} \; X_5^{(ab)} \; X_6^{(ab)}$$

les caractéristiques des efforts correspondantes aux sections de la verge.

Soient $x_1^{(a)} \, x_2^{(a)} \, x_3^{(a)} \, x_4^{(a)} \, x_5^{(a)} \, x_6^{(a)}$ les composantes de la translation et de la rotation qui ont conduit la molécule A de l'état naturel à l'état actuel et $x_1^{(b)} \, x_2^{(b)} \, x_3^{(b)} \, x_4^{(b)} \, x_5^{(b)} \, x_6^{(b)}$ les quantités analogues relatives à la molécule B.

Soient $e_1^{(ab)} \, e_2^{(ab)} \, e_3^{(ab)} \, e_4^{(ab)} \, e_5^{(ab)} \, e_6^{(ab)}$ les caractéristiques de la distorsion qu'on a appliquée à une section de la verge AB. On aura des relations linéaires

$$x_r^{(a)} - x_r^{(b)} + e_r^{(ab)} = \sum_1^6 H_{ri} X_i \qquad r = 1,\, 2,\, 3,\, 4,\, 5,\, 6$$

et les coefficients constants H_{ri} dépendront de la forme initiale et de la constitution de la verge.

En même temps si nous prenons toutes les verges qui aboutissent au point A et qui sont soudées ensemble dans ce point on doit avoir pour l'équilibre

$$x_i^{(ab)} + x_i^{(ac)} + x_i^{(ad)} + \cdots = 0 \qquad i = 1,\ 2,\ 3,\ 4,\ 5,\ 6.$$

On a donc six équations pour chaque nœud et six équations pour chaque verge.

Ces équations sont tout à fait semblables aux équations de Kirchhoff pour les courants électriques dans les fils ; seulement elles sont sextuplées. On peut développer une théorie du même type que celle de Kirchhoff où les caractéristiques des distorsions remplacent les forces électromotrices et les caractéristiques des efforts les intensités des courants.

Bibliographie.

Riemann-Weber.   Die Partiellen Diff.-gleich. der Math. Physik. 1. Vol.

Love.   Math. Theory of elasticity.

Weingarten.   Rendiconti della R. Accademia dei Lincei. S. V. Vol. X.

Volterra.   Rendiconti della R. Accademia dei Lincei. S. V. Vol. XIV. 1° Sem. fasc. 3, 4, 8, 12. 2° Sem. fasc. 7.

Maggi.   Rendiconti della R. Accademia dei Lincei. S. V. Vol. XIV. 2° Sem.

Timpe.   Inaugural-Dissertation. Göttingen. (Leipzig 1905).

5ième leçon.

1. Nous avons étudié dans les leçons précédentes les solutions des équations de l'élasticité qui appartiennent au type elliptique, et nous avons envisagé particulièrement les solutions polydromes et le rôle qu'elles jouent dans la théorie. Le cas de l'élasticité nous offre le meilleur exemple pour trouver leur interprétation et leur utilité pratique.

Nous voulons pénétrer aujourd'hui plus profondément dans l'étude des solutions des équations du type elliptique, mais pour cela nous laisserons de côté le cas de l'élasticité, et nous envisagerons le cas le plus simple possible, celui de l'équation de Laplace qui correspond à la théorie du potentiel.

On peut considérer l'équation de Laplace relative à un nombre quelconque de variables

$$\frac{\partial^2 u}{\partial x^2} + \frac{\partial^2 u}{\partial y^2} = 0, \quad \frac{\partial^2 u}{\partial x^2} + \frac{\partial^2 u}{\partial y^2} + \frac{\partial^2 u}{\partial z^2} = 0, \quad \frac{\partial^2 u}{\partial x_1^2} + \frac{\partial^2 u}{\partial x_2^2} + \frac{\partial^2 u}{\partial x_3^2} + \frac{\partial^2 u}{\partial x_4^2} = 0, \text{ etc.}$$

Le cas devient de plus en plus compliqué, mais bien des théorèmes s'étendent sans aucune difficulté de proche en proche. Par exemple le théorème de Green, avec toutes ses conséquences et toutes ses applications. Il est utile, je puis dire même indispensable, pour cette étude d'introduire le langage emprunté à la théorie des espaces à plusieurs dimensions. C'est seulement un langage, mais il est un instrument très-puissant pour énoncer des théorèmes, et il amène par l'induction à trouver des propositions nouvelles. Je citerai dans cette direction les études de Ch. Bjerknes qui correspondent au mouvement d'une ellipsoïde à n dimensions dans un fluide à n dimensions.

2. Cependant dès les premiers pas dans les recherches dont je viens de parler on a l'impression qu'il y a une lacune à combler, c'est à dire que quelque chose manque.

Je vais citer un seul exemple. Les domaines à deux dimensions ont une seule sorte de connexion ; les domaines à trois dimensions ont deux sortes de connexions. En effet nous avons déjà distingué les espaces cycliques et les espaces acycliques, et nous avons vu quel rôle joue la cyclicité dans le cas de l'élasticité. Mais prenons le volume compris entre deux sphères concentriques. Il est acyclique, c'est à dire que tout cycle formé par une ligne fermée peut se réduire aussi petit que l'on veut par une déformation continue, sans sortir de l'espace, mais la même propriété ne se vérifie pas pour toute surface fermée, car une surface menée entre les deux sphères ne peut pas être réduite aussi petite que l'on veut sans sortir de l'espace renfermé entre les deux sphères. Il y a donc deux sortes de connexions dans le cas de trois dimensions, on les appelle *connexion linéaire* ou cyclicité et *connexion superficielle*, mais on connaît une seule sorte de polydromie. Si le nombre des dimensions augmente, on a plusieurs sortes de connexions toujours plus compliquées, mais à cela ne correspondent pas plusieurs sortes de polydromies.

Le cas de deux variables est étroitement lié à la théorie des fonctions. En effet par la séparation de la partie imaginaire dans une fonction d'une variable complexe on trouve deux fonctions de deux variables qui satisfont à l'équation de Laplace. Réciproquement toute fonction de deux variables qui satisfait à l'équation de Laplace possède une fonction conjuguée, et en ajoutant la première à la fonction conjuguée multipliée par $i = \sqrt{-1}$ on trouve une fonction d'une variable complexe.

L'existence de la fonction conjuguée et la liaison avec la théorie des fonctions engendrent un ensemble de propriétés dans le cas de deux variables qui manquent dans le cas d'un nombre plus grand de variables et ce sont ces propriétés pourtant qui conduisent dans le cas de deux variables aux propositions les plus importantes et les plus cachées de la théorie.

On est amené par là à soupçonner que la lacune dont j'ai parlé tout à l'heure pourrait être comblée en étendant au cas de plusieurs variables la théorie des fonctions conjuguées.

Je consacrerai cette leçon et la suivante à donner un aperçu de quelques recherches qu'on a faites à ce sujet qui conduisent à deux branches différentes

20

provenant cependant d'une même source.

3. Rappelons les propriétés des fonctions conjuguées dans le cas de deux variables.

Si la fonction u satisfait à l'équation de Laplace $\Delta^2 u = 0$ en posant

$$\frac{\partial u}{\partial x} = X, \quad \frac{\partial u}{\partial y} = Y$$

on trouve

$$\frac{\partial X}{\partial y} = \frac{\partial Y}{\partial x}, \qquad \frac{\partial X}{\partial x} + \frac{\partial Y}{\partial y} = 0.$$

C'est pourquoi

$$X\,dx + Y\,dy, \quad Y\,dx - X\,dy$$

sont des différentielles exactes.

Envisageons les fonctions dans une aire σ à connexion simple, où X, Y sont finies, continues et monodromes. Calculons

$$u = u_0 + \int_{A_0}^{A_1} (X\,dx + Y\,dy), \quad v = v_0 + \int_{A_0}^{A_1} (Y\,dx - X\,dy),$$

les intégrales étant étendues à une ligne s qui en partant du point A_0 aboutit au point A_1, où u_0 est la valeur de u dans le point A_0 et v_0 est une quantité constante. On a que les intégrales ne dépendent pas de la ligne s pourvu que A_0 et A_1 ne changent pas et u est la valeur de la fonction u dans le point A_1 et v est la valeur de la fonction conjuguée dans le même point. L'aire étant à connexion simple si le point A_1 coïncide avec A_0 les intégrales sont nulles, c'est pourquoi u et v sont des fonctions monodromes, mais si l'aire σ est à connexion multiple u et v peuvent être poly-dromes.

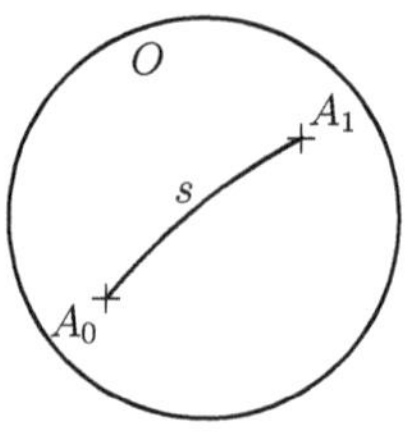

La dérivée de u dans une direction quelconque ξ est égale à la dérivée de v dans la direction normale η, si les directions ξ, η sont orientées l'une par rapport à l'autre comme x et y.

En calculant $u + iv = f$, on obtient une fonction de la variable complexe $x + iy$.

4. Passons maintenant au cas de trois variables.

Soit u une fonction qui satisfait à l'équation de Laplace ; posons

$$\frac{\partial u}{\partial x} = X, \quad \frac{\partial u}{\partial y} = Y, \quad \frac{\partial u}{\partial z} = Z;$$

on aura évidemment

$$(1) \qquad \frac{\partial Z}{\partial y} - \frac{\partial Y}{\partial z} = 0, \quad \frac{\partial X}{\partial z} - \frac{\partial Z}{\partial x} = 0, \quad \frac{\partial Y}{\partial x} - \frac{\partial X}{\partial y} = 0;$$

$$(2) \qquad \frac{\partial X}{\partial x} + \frac{\partial Y}{\partial y} + \frac{\partial Z}{\partial z} = 0.$$

La propriété caractérisée par les équations (1) peut s'énoncer en disant que le *curl* du vecteur ayant pour composantes X, Y, Z est nul et la propriété caractérisée par l'équation (2) en disant que la *divergence* du vecteur est nulle.

5. Cela posé, soit S un domaine ayant une connexion simple linéaire et aussi une connexion superficielle simple. Toute ligne fermée sera le contour d'une surface renfermée dans le domaine et toute surface fermée sera le contour d'un volume aussi renfermé dans le domaine. C'est pourquoi en employant le théorème de Stokes on trouvera

$$(3) \qquad \int_s (X\,dx + Y\,dy + Z\,dz) = 0$$

l'intégrale étant étendue à une ligne fermée s, et en appliquant le théorème de Gauss on aura

$$(4) \qquad \int_\sigma (X \cos nx + Y \cos ny + Z \cos nz)\,d\sigma = 0$$

où cette intégrale est étendue à une surface fermée quelconque.

On tire de l'équation (3) que si l'on étend l'intégrale à une ligne s' qui en partant d'un point A_0 aboutit à un point A_1 la valeur de l'intégrale dépendra seulement des points A_0 et A_1, et ne dépendra pas de la ligne comprise entre ces points.

Si nous appelons u_0 la valeur de u au point A_0 on aura

$$u = u_0 + \int_{s'} (X\,dx + Y\,dy + Z\,dz)$$

u étant la valeur de la fonction au point A_1. Envisageons maintenant l'intégrale (4), mais supposons qu'elle ne soit pas étendue à une surface fermée, mais à une surface ouverte. Pour déterminer la direction de la normale n à la surface nous convenons que, le bord de la surface ayant une direction déterminée personnifiée par une poupée qui regarde la surface, n soit dirigée de droite à gauche de la poupée. Cela posé on tire tout de suite de l'équation (4) que la valeur de l'intégrale étendue à la surface ouverte ne dépend pas de la surface où l'on a calculé l'intégrale, mais de son bord. C'est pourquoi l'intégrale étendue à une ligne conduit à une fonction des points de l'espace : c'est à dire à la fonction primitive, et de même l'intégrale étendue à une surface conduit à une fonction des lignes de l'espace.

Il n'y a pas de difficulté à concevoir des fonctions de lignes comme on conçoit des fonctions ordinaires, c'est à dire les fonctions des points. En effet, si l'on regarde tous les points de l'espace, et si l'on suppose qu'à chaque point correspond la valeur d'une quantité, on a une fonction des points de l'espace, c'est à dire une fonction ordinaire de trois variables. Mais toutes les lignes forment aussi des éléments géométriques de l'espace, et l'on peut évidemment concevoir une quantité qui a une valeur correspondant à chaque ligne. Voilà donc une fonction des lignes.

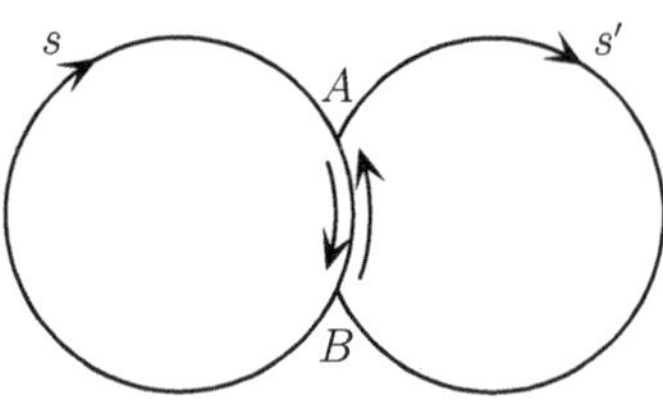

Celle que nous avons trouvée n'est qu'une fonction particulière. Elle correspond à des lignes fermées, elle est continue et elle a aussi une autre propriété intéressante. Soient s et s' deux lignes fermées qui ont un arc commun AB. Si on doit parcourir l'arc AB en directions contraires en supposant qu'il appartienne aux deux lignes, on pourra retrancher AB et obtenir une courbe s'' dont la direction même sera déterminée. On écrira

$$s'' = s + s'.$$

Soit V la fonction des lignes que nous avons trouvée, et désignons par V, V', V'' les valeurs correspondant aux lignes s, s', s'' il est évident que

$$V'' = V' + V.$$

C'est pourquoi l'on peut appeler la fonction des lignes que nous avons trouvée une *fonction de premier degré*.

6. Elle a été obtenue par un procédé d'intégration ; il est facile d'y appliquer un procédé inverse qu'on peut appeler un procédé de dérivation.

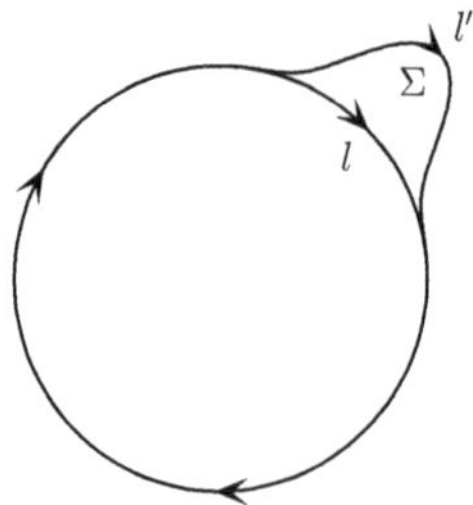

Revenons à une fonction ordinaire des points de l'espace. Pour la dériver il suffit de déplacer le point indice de la fonction dans une certaine direction, de calculer le rapport entre la variation de la fonction et le déplacement, et d'en déterminer la limite lorsque le déplacement devient infiniment petit.

De même prenons la fonction des lignes que nous avons trouvée. Déplaçons en l' un arc l de la ligne, et cherchons la variation correspondante de la fonction. A cause des propriétés que nous avons trouvées cette variation sera la valeur de la fonction correspondant à la ligne formée par les arcs l' et l en supposant que l'on invertisse la direction dans laquelle on doit parcourir l'arc l. Elle pourra donc s'exprimer par

$$W = \int_\Sigma (X \cos nx + Y \cos ny + Z \cos nz)\, d\Sigma,$$

Σ étant une surface ayant pour contour les lignes l et l' ; n sa normale prise dans la direction qu'on a établie précédemment.

Supposons maintenant que la surface Σ en décroissant infiniment d'une manière régulière tende vers un point M ; on aura

$$\lim \frac{W}{\Sigma} = X \cos nx + Y \cos ny + Z \cos nz$$

en prenant les valeurs de X, Y, Z qui correspondent au point M.

On peut appeler $\lim \dfrac{W}{\Sigma}$ la dérivée de V par rapport à Σ, et l'on peut la représenter par $\dfrac{dV}{d\Sigma}$. Il est évident que le signe dont la dérivée est affectée n'est déterminé que lorsqu'on connaît la direction positive de la normale à la surface Σ. Prenons la dérivée de V par rapport à une surface Σ normale à l'axe X en M, on aura

$$\frac{dV}{d\Sigma} = X.$$

De même, si Σ_1 et Σ_2 sont des surfaces normales aux axes Y et Z, on aura

$$\frac{dV}{d\Sigma_1} = Y, \quad \frac{dV}{d\Sigma_2} = Z,$$

c'est pourquoi l'on peut désigner X, Y, Z par les symboles

$$\frac{dV}{d(yz)}, \quad \frac{dV}{d(zx)}, \quad \frac{dV}{d(xy)}.$$

Revenons maintenant à la fonction primitive u. Nous avons

$$\frac{\partial u}{\partial x} = X \quad \frac{\partial u}{\partial y} = Y \quad \frac{\partial u}{\partial z} = Z;$$

donc

$$\frac{\partial u}{\partial x} = \frac{\partial V}{\partial (yz)}, \quad \frac{\partial u}{\partial y} = \frac{\partial V}{\partial (zx)}, \quad \frac{\partial u}{\partial z} = \frac{\partial V}{\partial (xy)}$$

ou en général, n étant la normale à la surface Σ,

$$\frac{\partial u}{\partial n} = \frac{\partial V}{\partial \Sigma}.$$

24

On tire de là qu'en dérivant la fonction des lignes V par rapport à une certaine surface et en dérivant la fonction u par rapport à la normale à cette surface on trouve la même valeur. Donc la fonction u et la fonction V ont une relation réciproque tout à fait analogue à celle des deux fonctions conjuguées dans le cas de deux variables. C'est pourquoi dans le cas de trois variables, pour arriver à une fonction conjuguée de la fonction potentielle, il faut introduire les fonctions des lignes.

7. On pourrait penser que ce nouveau concept est tout à fait abstrait, mais nous voulons montrer bien au contraire qu'il correspond à des concepts réels et à des vues pratiques.

Il suffit pour cela d'envisager un champ électromagnétique constant. Supposons que nous ayons un pôle magnétique unitaire qui se déplace en prenant toutes les positions possibles dans un certain domaine externe à toute masse magnétique, électrique et à tout courant électrique. Le potentiel du champ par rapport au pôle sera une fonction qui vérifie l'équation de Laplace, c'est à dire une *fonction harmonique*.

Mais évidemment on pourra aussi penser avoir un courant électrique unitaire qui parcourt un circuit fermé et qui se déplace en prenant toutes les positions et les formes possibles dans le même domaine. Il est bien naturel que nous calculons le potentiel du champ par rapport au courant électrique. On aura par là une idée complète de la nature électromagnétique du champ, mais en même temps nous aurons envisagé une fonction des lignes fermées du domaine. Il est facile de démontrer par un calcul très simple que cette fonction des lignes, c'est à dire le potentiel du champ par rapport au courant, est justement la fonction conjuguée que nous avons introduite tout à l'heure.

On a donc que le nouveau concept a une base réelle et se présente même comme un élément nécessaire à envisager dans les théories de la physique mathématique.

8. Les fonctions conjuguées ordinaires qui se présentent dans le cas de deux variables peuvent s'obtenir en particularisant celles que nous venons de définir. Il suffit en effet d'envisager un champ électromagnétique à deux variables. Alors il faut remplacer le pôle magnétique par un pôle logarithmique et le courant électrique par un point tourbillon et le passage est déjà fait.

Il y a aussi un autre cas particulier qui présente beaucoup d'intérêt. C'est celui des potentiels symétriques. Dans ce cas il suffit de considérer les valeurs de la fonction conjuguée correspondant aux lignes circulaires normales à l'axe de symétrie et ayant le centre sur l'axe même. On arrive par là à des fonctions ordinaires qu'on appelle les fonctions associées que Kirchhoff avait introduites en partant de concepts tout à fait différents.

6ième leçon.

9. Jusqu'à présent nous avons envisagé les fonctions des lignes qui s'obtiennent comme des fonctions conjuguées des fonctions qui satisfont à l'équation de Laplace; mais on peut généraliser la chose. Soient X, Y, Z trois fonctions quelconques définies dans un espace S dont la connexion linéaire et la connexion superficielle sont simples, et supposons qu'elles soient finies, monodromes et continues, et que leurs dérivées aussi soient finies, continues et monodromes. Si l'on a

$$\frac{\partial X}{\partial x} + \frac{\partial Y}{\partial y} + \frac{\partial Z}{\partial z} = 0$$

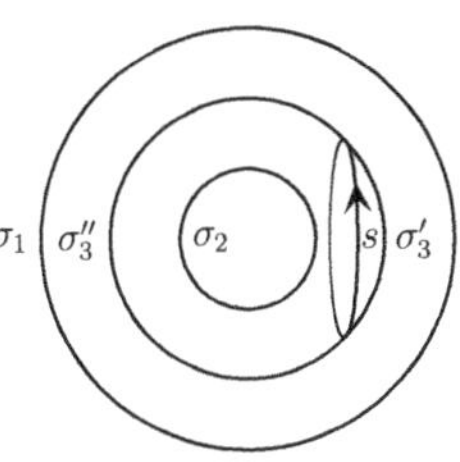

on pourra toujours par le procédé que nous avons indiqué précédemment calculer une fonction des lignes de l'espace. C'est pourquoi la condition pour l'existence de la fonction des lignes est la condition (2). Les conditions (1) ne sont pas nécessaires pour son existence. Elles sont nécessaires pour qu'elle soit la fonction conjuguée d'une fonction harmonique. Or, l'espace ayant les deux connexions simples, on peut calculer la valeur de la fonction des lignes pour chaque ligne fermée de l'espace dont la direction est connue, et pour chaque ligne on trouve une seule valeur. Envisageons maintenant un espace S dont la connexion superficielle ne soit pas simple, par exemple l'espace compris entre deux sphères concentriques σ_1 et σ_2. Conduisons une surface σ_3 comprise entre les deux, et traçons une ligne fermée s qui partage σ_3 en deux parties σ_3' et σ_3''.

Ayant fixé la direction de la ligne s on pourra calculer la valeur de la fonction correspondante à la ligne s de deux manières en formant

$$(4) \qquad \int_{\sigma_3'} (X \cos n'x + Y \cos n'y + Z \cos n'z)\, d\sigma_3'$$

et

$$(5) \qquad \int_{\sigma_3''} (X \cos n''x + Y \cos n''y + Z \cos n''z)\, d\sigma_3'',$$

n' étant la normale à σ_3' et n'' la normale à σ_3''. Les deux normales ont évidemment la direction opposée, c'est à dire que si l'une est dirigée vers l'intérieur de σ_3 l'autre est dirigée vers la partie externe. Faisons maintenant la différence des deux intégrales. On aura l'intégrale étendue à toute la surface σ_3, et on devra prendre la normale dirigée constamment dans la même direction. Mais σ_3 à elle seule ne limite pas un volume renfermé dans S, c'est pourquoi la dernière intégrale pourra n'être pas nulle et par suite les intégrales (4) et (5) pourront être différentes.

On voit donc que dans ce cas la valeur de la fonction des lignes n'est pas déterminée pour chaque ligne.

On peut se faire une idée de la polydromie d'une fonction des lignes aussi d'une autre manière.

Pour avoir la différence des valeurs de la fonction cor-respondante à deux lignes s, s', on peut déplacer la ligne s d'une manière continue de sorte qu'elle vienne coïncider  en position et direction avec la ligne s'. Soit σ la surface engendrée par ce dé-placement, V' la valeur de la fonction correspondante à la ligne s' et V la valeur correspondante à la ligne s. On aura

$$V' - V = \int_{\sigma} (X \cos nx + Y \cos ny + Z \cos nz)\, d\sigma,$$

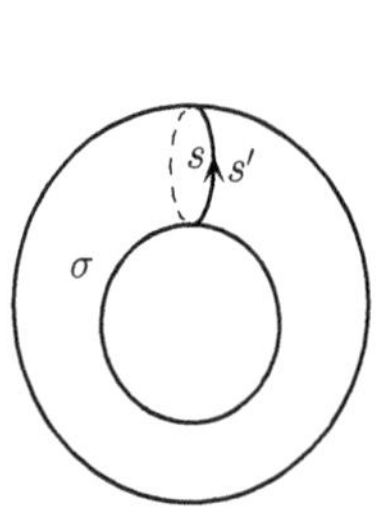

n étant la normale à la surface σ dirigée par rapport à la direction de s' de la manière que nous avons indiquée dans le § 5. Déplaçons maintenant s' en lui faisant engendrer un tube de manière que s' se rapproche indéfiniment de s jusqu'à coïncider avec s'. σ deviendra une surface fermée. Si le do-maine où nous envisageons les choses a la connexion super-ficielle simple, σ sera le contour d'un espace interne au do-maine et par suite en appliquant le théorème de Gauss on aura que l'intégrale étendue à σ sera nulle, d'où l'on tire que les deux valeurs V' et V seront égales. Mais, si le domaine a une connexion superficielle multiple, σ n'est pas toujours le contour d'un espace interne au domaine et par suite les deux valeurs peuvent résulter différentes. Dans ce cas donc, si une ligne fermée en décrivant un tube revient à sa position initiale, en prenant des valeurs de la fonction qui se suivent avec continuité, on peut retourner avec une valeur différente de celle du départ. Par conséquent la polydromie pour les fonctions des lignes ne tient pas à la cyclicité, c'est à dire à la connexion linéaire, mais à la connexion superficielle.

10. Nous avons vu que, pour rendre acyclique un espace cyclique, il faut faire une coupure ou plusieurs coupures. Qu'est-ce qu'il faut faire pour transformer un espace qui a une connexion superficielle multiple en un espace qui a une connexion simple ?

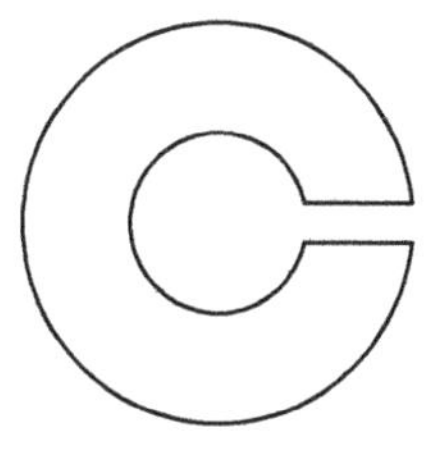

Envisageons l'espace compris entre deux sphères concentriques. Imaginons un tube infiniment mince qui réunit la grande sphère à la sphère interne. Par ce tube la connexion superficielle devient simple.

Il y a d'autres cas où il faut un plus grand nombre de tubes pour obtenir la réduction. L'ordre de la connexion superficielle est mesuré par le nombre des tubes plus 1. A chaque tube correspond une constante spéciale pour la fonction des lignes obtenue par intégration, comme à chaque coupure correspond une constante pour une fonction ordinaire obtenue par intégration dans un espace cyclique.

Si l'on cherche la fonction conjuguée de la fonction harmonique $\frac{1}{2}\log(x^2 + y^2)$ dans le cas de deux variables on trouve la fonction polydrome arc tg $\frac{y}{x}$. De même si l'on cherche la fonction des lignes conjuguée de la fonction harmonique $\dfrac{1}{\sqrt{(x^2 + y^2 + z^2)}}$ on trouve une fonction des lignes polydrome.

11. On a calculé une fonction en regardant chaque ligne comme le contour d'une surface. Si l'espace est cyclique il y a des lignes qui ne forment le contour d'aucune surface. On peut trouver les différences des valeurs correspondantes à ces lignes, mais nous n'insisterons pas ci-dessus.

Il y a aussi une autre manière pour calculer des fonctions des lignes de premier degré. Nous dirons en peu de mots en quoi elle consiste.

L'équation (2) étant satisfaite on peut trouver trois fonctions Z_1, Z_2, Z_3 de x, y, z telles que

$$X = \frac{\partial Z_2}{\partial z} - \frac{\partial Z_3}{\partial y},$$
$$Y = \frac{\partial Z_3}{\partial x} - \frac{\partial Z_1}{\partial z},$$
$$Z = \frac{\partial Z_1}{\partial y} - \frac{\partial Z_2}{\partial x}.$$

Alors, si s est une ligne qui forme le contour de la surface σ ayant pour normale n, on a par le théorème de Stokes

$$\int_\sigma (X \cos nx + Y \cos ny + Z \cos nz)\, ds = \int_s (Z_1\, dx + Z_2\, dy + Z_3\, dz)$$

en choisissant convenablement la direction de la ligne s. On voit par là que la fonction d'une ligne peut se calculer par une intégrale étendue à la ligne même.

Nous avons fait usage précédemment du langage des champs vectoriels ; on peut y revenir pour donner une image visible et frappante des concepts que nous avons introduits.

Lorsqu'un champ scalaire est divisé en lames infiniment minces telles que chacune correspond au même accroissement de la quantité scalaire, la fonction scalaire dans un point quelconque sert à dénombrer les lames comprises entre ce point et un point fixe.

Envisageons maintenant un champ solénoïdal divisé en tubes équivalents infiniment minces. Dans ce cas, pour connaître la nature du champ, il faut savoir dénombrer les tubes qui passent à l'intérieur de toute ligne fermée. Voilà le concept de fonction de ligne de premier degré qui surgit. Si le champ est en même temps solénoïdal et scalaire, le nombre des lames comprises entre un point fixe et le point variable et le nombre des tubes compris dans une ligne variable forment des fonctions conjuguées.

12. Nous nous sommes bornés jusqu'à présent au cas de trois variables ; mais on peut généraliser les concepts que nous venons d'exposer au cas d'un nombre quelconque de variables.

Dans un espace à n dimensions on peut imaginer des points, des espaces à une dimension, des espaces à deux dimensions, des espaces à trois dimensions etc. et des espaces à $n-1$ dimensions, c'est pourquoi l'on peut imaginer des fonctions des points, c'est à dire des fonctions ordinaires de n variables, des fonctions des espaces à une dimension, des fonctions des espaces à deux dimensions etc. et enfin des fonctions des espaces à $n-1$ dimensions.

Si ces espaces sont fermés et si nous définissons une direction des espaces, on peut concevoir les fonctions des espaces à r dimensions *de premier degré*, c'est à dire, si S_r et S_r' sont deux espaces fermés à r dimensions ayant une partie commune qui a deux directions différentes selon qu'on la regarde comme appartenant à S_r ou à S_r', retranchons cette partie et envisageons l'espace S_r'' formé avec les parties résiduelles. La fonction qu'on envisage sera de premier degré si, les valeurs correspondantes à S_r, S_r', S_r'' étant V, V', V'', on a

$$V'' = V' + V.$$

Les fonctions de premier degré des espaces à r dimensions peuvent se calculer par des intégrations étendues à des espaces à $r+1$ dimensions, et l'on peut former des dérivées de ces fonctions tout à fait analogues aux dérivées des fonctions des lignes que nous avons envisagées.

De cette manière dans un espace à n dimensions on peut obtenir des fonctions conjuguées de $\dfrac{n-1}{2}$ types différents, si n est un nombre impair et de $\dfrac{n}{2}$ types, si

n est pair. En effet à une fonction des espaces à r dimensions $(r < n - 1)$ on peut faire correspondre comme fonction conjuguée une fonction de $n - r - 2$ dimensions.

Dans un espace à deux dimensions on a une seule sorte de fonctions conjuguées, c'est à dire que les fonctions conjuguées à des fonctions harmoniques des points sont aussi des fonctions des points.

Dans un espace à 3 dimensions les fonctions conjuguées à des fonctions harmoniques des points sont des fonctions des lignes, comme nous venons de voir. Dans un espace à 4 dimensions les fonctions conjuguées à des fonctions harmoniques des points sont des fonctions des espaces à deux dimensions, mais l'on peut avoir aussi des fonctions conjuguées à des fonctions des espaces à une dimension qui sont aussi des fonctions de la même nature.

Dans un espace à 5 dimensions les fonctions harmoniques des points sont conjuguées à des fonctions des espaces à trois dimensions, et l'on peut avoir des fonctions des espaces à une dimension conjuguées à des fonctions des espaces à deux dimensions. Ainsi de suite avec la règle que nous avons exposée précédemment.

On arrive par là à une théorie générale des fonctions conjuguées où les fonctions harmoniques ordinaires à n variables se présentent comme un cas très-particulier. Il est bon de remarquer que dans les hyperespaces d'un nombre n pair de dimensions il y a des fonctions conjuguées d'ordre $\dfrac{n-1}{2}$ qui correspondent aux mêmes hyperespaces.

La connexion de plus en plus compliquée des espaces à n dimensions joue un rôle très important et est étroitement liée aux différentes espèces des polydromies des fonctions, comme nous avons pu constater dans le cas de trois variables. Ces polydromies se présentent comme une extension de celles qu'on a dans les cas des intégrales Abéliennes.

13. On peut envisager ces recherches comme une généralisation de l'étude des fonctions conjuguées, c'est à dire de la partie réelle et de la partie imaginaire d'une fonction d'une variable complexe considérées séparément.

Mais si nous voulons parvenir à une vraie extension de la théorie des fonctions, c'est à dire de l'ensemble des deux fonctions conjuguées, l'une étant multipliée par $\sqrt{-1}$, il faut changer le point de vue, mais les mêmes concepts que nous avons exposés en sont toujours la base, c'est pourquoi nous avons dit dans la leçon précédente, qu'il y avait deux branches d'études qui provenaient d'une même source. Comme j'ai annoncé dans la première leçon je n'abandonnerai pas ce sujet sans avoir donné aussi un aperçu de ces recherches qui sont liées à la théorie des fonctions d'un côté et aux équations qui paraissent dans la physique mathématique d'un autre côté.

14. Si nous envisageons un plan et deux quantités complexes F et Φ qui sont des fonctions des points du plan, la condition pour que F soit une fonction de Φ est qu'en déplaçant le point indice M dans une direction quelconque MM' et, en calculant le rapport $\dfrac{\Delta F}{\Delta \Phi}$ des variations des deux fonctions, la limite du rapport, lorsque MM' devient infiniment petit, ne dépend pas de la direction du déplacement mais soit une nouvelle fonction du point indice. Cauchy employait dans ce cas le mot de *fonction monogène*.

Or une extension n'est pas possible dans l'espace, car si nous posons la même condition que nous venons d'indiquer dans le cas où le point indice au lieu de se déplacer dans un domaine à deux dimensions peut se déplacer dans un domaine à trois dimensions, on trouve qu'elle conduit à la même relation entre F et Φ et l'on trouve la même chose dans le cas d'un espace à plusieurs dimensions.

Mais nous avons vu que dans les espaces à trois dimensions et à plusieurs dimensions le concept des fonctions ordinaires, c'est à dire des fonctions des points, n'est qu'un cas particulier du concept général de fonctions, car il y a les fonctions des lignes et en général les fonctions des hyperespaces. Si nous appliquons maintenant la condition que nous avons posée tout à l'heure pour F et Φ, mais en supposant que les fonctions soient des fonctions du nouveau genre que nous avons introduites, toute difficulté disparaît, et l'on peut étendre à un espace d'un nombre quelconque de dimensions la liaison de monogénéité de Cauchy, c'est à dire on peut étendre la théorie des fonctions au cas d'un domaine quelconque en trouvant quelque chose de nouveau. Faute du concept des fonctions des lignes et des hyperespaces la base où fonder la théorie manquait complètement. D'autre part il fallait bien penser qu'il aurait été nécessaire de tomber là dessus, si l'on voulait étendre la théorie des fonctions, car si l'opération de l'intégration dans le cas des fonctions d'une variable ne fait pas sortir du domaine des fonctions de la même nature, l'intégration des fonctions de plusieurs variables, c'est à dire l'intégration multiple qui est étendue à des domaines à plusieurs dimensions dont les limites sont des lignes ou des surfaces etc., devait nous amener au nouveau concept que nous avons introduit.

15. Envisageons donc dans un espace à trois dimensions deux fonctions complexes de premier degré des lignes, et soient F et Φ leurs valeurs correspondantes à une ligne L. Déformons un arc AB de L, et désignons par ΔF et $\Delta \Phi$ les variations de F et de Φ. Si en diminuant indéfiniment la déformation et la distance entre B et le point fixe A, le rapport

$$\frac{\Delta \Phi}{\Delta F}$$

tend vers une limite qui dépend seulement du point A, on pourra dire qu'entre les variables complexes Φ et F passe une liaison tout à fait analogue à celle de monogénéité de Cauchy.

On peut exprimer cette condition d'une autre manière en faisant usage des notations que nous avons introduites. Calculons

$$(6) \qquad \frac{d\Phi}{d\Sigma} : \frac{dF}{d\Sigma} = f,$$

Σ étant une surface quelconque, f doit avoir une valeur indépendante de la direction de la surface Σ, c'est à dire doit être une fonction des points de l'espace.

Décomposons maintenant Φ et F et leurs dérivées dans les parties réelles et imaginaires en posant

$$F = F_1 + iF_2, \quad \Phi = \Phi_1 + i\Phi_2, \quad i = \sqrt{-1};$$

$$\frac{dF}{d(y,z)} = p_1 + ip_2, \quad \frac{dF}{d(z,x)} = q_1 + iq_2, \quad \frac{dF}{d(x,y)} = r_1 + ir_2;$$

$$\frac{d\Phi}{d(y,z)} = \omega_1 + i\omega_2, \quad \frac{d\Phi}{d(z,x)} = \chi_1 + i\chi_2, \quad \frac{d\Phi}{d(x,y)} = \rho_1 + i\rho_2;$$

la condition (6) pourra s'écrire

$$(7) \qquad \frac{\omega_1 + i\omega_2}{p_1 + ip_2} = \frac{\chi_1 + i\chi_2}{q_1 + iq_2} = \frac{\rho_1 + i\rho_2}{r_1 + ir_2} = f$$

et l'on tire de là que Φ_1 et Φ_2 doivent vérifier les mêmes équations, c'est à dire

$$D_1 \frac{d\Psi}{d(y,z)} + D_2 \frac{d\Psi}{d(z,x)} + D_3 \frac{d\Psi}{d(x,y)} = 0$$

$$(8) \qquad 0 = \frac{\partial}{\partial x}\left(\frac{\varepsilon_{12} \dfrac{d\Psi}{d(x,y)} - \varepsilon_{13} \dfrac{d\Psi}{d(z,x)}}{D_1} \right) + \frac{\partial}{\partial y}\left(\frac{\varepsilon_{23} \dfrac{d\Psi}{d(y,z)} - \varepsilon_{21} \dfrac{d\Psi}{d(x,y)}}{D_2} \right)$$

$$+ \frac{\partial}{\partial z}\left(\frac{\varepsilon_{31} \dfrac{d\Psi}{d(z,x)} - \varepsilon_{32} \dfrac{d\Psi}{d(y,z)}}{D_3} \right),$$

où Ψ peut être remplacé par Φ_1 et Φ_2 et l'on a

$$\varepsilon_{11} = p_1^2 + p_2^2, \quad \varepsilon_{22} = q_1^2 + q_2^2, \quad \varepsilon_{33} = r_1^2 + r_2^2,$$

$$\varepsilon_{23} = \varepsilon_{32} = q_1 r_1 + q_2 r_2, \quad \varepsilon_{31} = \varepsilon_{13} = r_1 p_1 + r_2 p_2, \quad \varepsilon_{12} = \varepsilon_{21} = p_1 q_1 + p_2 q_2,$$

$$D_1 = q_2 r_1 - r_2 q_1, \quad D_2 = r_2 p_1 - p_2 r_1, \quad D_3 = p_2 q_1 - q_2 p_1.$$

L'équation (8) remplace dans ce cas l'équation de Laplace et a bien des propriétés communes avec elle.

16. On peut écrire l'équation (6) sous la forme

$$(9) \qquad \frac{d\Phi}{dF} = f.$$

Les fonctions Φ et F peuvent s'appeler *isogènes*. Il est évident que deux fonctions des lignes qui sont isogènes avec une troisième sont isogènes entre elles. De même une fonction des points φ peut s'appeler aussi isogène avec F si

$$(10) \qquad \frac{dF}{d(y,z)} \cdot \frac{\partial\varphi}{\partial x} + \frac{dF}{d(z,x)} \cdot \frac{\partial\varphi}{\partial y} + \frac{dF}{d(x,y)} \cdot \frac{\partial\varphi}{\partial z} = 0.$$

Elle sera isogène avec toutes les fonctions des lignes isogènes avec F. On démontre aussi facilement que f est isogène avec F, et réciproquement que si la fonction des points f est isogène avec la fonction des lignes F, on peut trouver une fonction Φ telle que l'égalité (9) soit vérifiée.

Toutes les fonctions des points qui sont isogènes avec F peuvent s'appeler isogènes entre elles. Puisqu'elles doivent vérifier l'équation (10) on en tire que deux d'entre elles sont indépendantes et les autres en sont des fonctions. Soient φ_1 et φ_2 des fonctions indépendantes. A cause de l'équation (10) on pourra toujours écrire

$$(11) \qquad \begin{cases} \dfrac{dF}{d(y,z)} = \varphi_3 \begin{vmatrix} \dfrac{\partial\varphi_1}{\partial y} & \dfrac{\partial\varphi_1}{\partial z} \\ \dfrac{\partial\varphi_2}{\partial y} & \dfrac{\partial\varphi_2}{\partial z} \end{vmatrix} = X, \\[6mm] \dfrac{dF}{d(z,x)} = \varphi_3 \begin{vmatrix} \dfrac{\partial\varphi_1}{\partial z} & \dfrac{\partial\varphi_1}{\partial x} \\ \dfrac{\partial\varphi_2}{\partial z} & \dfrac{\partial\varphi_2}{\partial x} \end{vmatrix} = Y, \\[6mm] \dfrac{dF}{d(x,y)} = \varphi_3 \begin{vmatrix} \dfrac{\partial\varphi_1}{\partial x} & \dfrac{\partial\varphi_1}{\partial y} \\ \dfrac{\partial\varphi_2}{\partial x} & \dfrac{\partial\varphi_2}{\partial y} \end{vmatrix} = Z, \end{cases}$$

où φ_3 est une fonction des points isogène aux autres, c'est à dire $\varphi_3 = \varphi_3(\varphi_1, \varphi_2)$.

Supposons que le domaine à trois dimensions que nous envisageons ait une connexion superficielle simple et que dans ce domaine les fonctions que nous considérons n'aient pas de singularités, alors pour avoir la valeur de la fonction F

correspondante à une certaine ligne il suffira de regarder cette ligne comme le contour d'une surface σ et de former

$$F = \int_\sigma (X \cos nx + Y \cos ny + Z \cos nz)\, d\sigma.$$

Soient u, v des coordonnées curvilignes de la surface. On aura

$$d\sigma \cos nx = \begin{vmatrix} \dfrac{\partial y}{\partial u} & \dfrac{\partial z}{\partial u} \\[2mm] \dfrac{\partial y}{\partial v} & \dfrac{\partial z}{\partial v} \end{vmatrix} du\, dv;$$

$$d\sigma \cos ny = \begin{vmatrix} \dfrac{\partial z}{\partial u} & \dfrac{\partial x}{\partial u} \\[2mm] \dfrac{\partial z}{\partial v} & \dfrac{\partial x}{\partial v} \end{vmatrix} du\, dv;$$

$$d\sigma \cos nz = \begin{vmatrix} \dfrac{\partial x}{\partial u} & \dfrac{\partial y}{\partial u} \\[2mm] \dfrac{\partial x}{\partial v} & \dfrac{\partial y}{\partial v} \end{vmatrix} du\, dv.$$

C'est pourquoi l'intégrale précédente pourra s'écrire

$$(12) \qquad F = \int_\sigma \varphi_3 \begin{vmatrix} \dfrac{\partial \varphi_1}{\partial u} & \dfrac{\partial \varphi_1}{\partial v} \\[2mm] \dfrac{\partial \varphi_2}{\partial u} & \dfrac{\partial \varphi_2}{\partial v} \end{vmatrix} du\, dv = \int_\sigma \varphi_3\, d\varphi_1\, d\varphi_2.$$

On voit par là que tout ensemble de fonctions isogènes des lignes et des points dans un espace à trois dimensions ressort des fonctions de deux variables complexes et de leurs intégrales, comme tout ensemble de fonctions monogènes dans un espace à deux dimensions ressort des fonctions d'une variable complexe et de leurs intégrales.

Si la surface σ dans l'intégrale (12) est une surface fermée, l'intégrale devient nulle. Cette propriété n'est autre chose que la théorie de Cauchy pour les fonctions de deux variables telle que M. Poincaré l'a donnée.

Si l'espace n'a pas une connexion superficielle simple, ou si les fonctions qui paraissent dans les formules ont des singularités, l'intégrale peut n'être pas nulle. Il faut alors remplacer la surface σ par un ensemble de surfaces qui forment le contour complet d'un domaine à trois dimensions où les fonctions n'ont pas de singularités.

34

17. φ_4 étant une fonction de φ_1 et φ_2 telle que

$$\frac{\partial \varphi_4}{\partial \varphi_1} = \varphi_3(\varphi_1\,\varphi_2),$$

les équations (11) s'écrivent

$$\frac{dF}{d(y,z)} = \begin{vmatrix} \dfrac{\partial \varphi_4}{\partial y} & \dfrac{\partial \varphi_4}{\partial z} \\[1.2em] \dfrac{\partial \varphi_2}{\partial y} & \dfrac{\partial \varphi_2}{\partial z} \end{vmatrix},$$

$$\frac{dF}{d(z,x)} = \begin{vmatrix} \dfrac{\partial \varphi_4}{\partial z} & \dfrac{\partial \varphi_4}{\partial x} \\[1.2em] \dfrac{\partial \varphi_2}{\partial z} & \dfrac{\partial \varphi_2}{\partial x} \end{vmatrix},$$

$$\frac{dF}{d(x,y)} = \begin{vmatrix} \dfrac{\partial \varphi_4}{\partial x} & \dfrac{\partial \varphi_4}{\partial y} \\[1.2em] \dfrac{\partial \varphi_2}{\partial x} & \dfrac{\partial \varphi_2}{\partial y} \end{vmatrix}$$

et l'équation (12) deviendra

$$F = \int_\sigma d\varphi_4\, d\varphi_2,$$

d'où l'on tire que F peut s'obtenir par φ_4 et φ_2 ou qu'elle est composée par ces deux fonctions qu'on peut appeler des diviseurs de F. On peut écrire

$$F = (\varphi_4\,\varphi_2).$$

La décomposition de F en ses diviseurs peut se faire d'une infinité de manières. Les diviseurs sont isogènes avec F et deux fonctions isogènes des lignes ont toujours un diviseur commun. Les diviseurs étant des fonctions des points, on peut les appeler élémentaires.

$7^{\text{ième}}$ leçon.

18. La théorie qu'on vient d'exposer se rapporte au cas des fonctions de deux variables, et elle a l'avantage qu'on peut l'exposer sans recourir aux espaces à plus de trois dimensions. Mais si l'on se borne à ces espaces, on n'a pas évidemment une théorie complète ; et l'on voit la nécessité d'étendre tous les concepts à

l'espace à n dimensions. Il n'est pas difficile de le faire. Mais par là la théorie se développe d'une manière inattendue. C'est à dire qu'on ne trouve pas seulement la théorie des fonctions de plusieurs variables complexes et de leurs intégrales, mais quelque chose aussi de beaucoup plus général. En effet toute fonction complexe de premier degré d'une ligne peut être attachée par la liaison d'isogénéité à un ensemble d'autres fonctions des lignes et à des fonctions de deux variables complexes indépendantes, et peut se décomposer en facteurs élémentaires. La même chose ne se présente pas, lorsqu'on envisage une fonction des hyperespaces de $r < n$ dimensions dans un hyperespace de $n > 3$ dimensions. Pour ces fonctions aussi il y a, comme dans le cas des fonctions des lignes dans l'espace à trois dimensions, une décomposition en fonctions d'un ordre plus simple qui présente des caractères arithmétiques analogues à la décomposition d'un nombre en facteurs premiers. Mais dans le cas des hyperespaces cette décomposition ne peut pas être poussée toujours jusqu'à arriver aux fonctions des points, c'est à dire que tous les diviseurs premiers de la fonction peuvent être aussi des fonctions des hyperespaces. Or, pour qu'une fonction soit liable à une autre par la liaison d'isogénéité il est nécessaire et suffisant qu'elle ait un diviseur élémentaire, c'est à dire un diviseur qui soit une fonction des points. Il faut donc poser des conditions spéciales avant de pouvoir établir la liaison d'isogénéité, et même après avoir établi cette liaison on a une théorie bien plus générale que celle qui ressort des fonctions de plusieurs variables et de leurs intégrales. Ce cas se rapporte seulement à l'ensemble des fonctions des hyperespaces dont tous les diviseurs sont des diviseurs élémentaires.

Lorsqu'on envisage des espaces ayant un nombre de dimensions toujours croissant, les différentes sortes de connexions possibles augmentent toujours. Listing, Bei, Poincaré les ont étudiées. Elles jouent un rôle fondamental dans les théories précédentes, car elles déterminent les différentes sortes de polydromies des fonctions des hyperespaces. Dans le cas des fonctions d'une seule variable complexe on n'a qu'une seule sorte de polydromie qui ressort de la cyclicité, mais dans les cas précédents leur nombre est toujours plus élevé. La théorie des intégrales Abéliennes ne présente que le premier cas de cette théorie générale.

19. Les fonctions des lignes et des hyperespaces nous conduisent naturellement à dire quelques mots sur d'autres études très voisines qui ont bien des rapports avec des questions de la physique mathématique.

Soient x, y, z les coordonnées des points de l'espace. Une ligne est déterminée par deux équations $y = f(x)$, $z = \varphi(x)$. Donc une quantité qui dépend d'une ligne peut être envisagée comme une quantité qui dépend des fonctions $f(x)$ et $\varphi(x)$.

Il est donc tout naturel d'envisager les quantités qui dépendent de toutes les valeurs qu'une fonction ou plusieurs fonctions prennent dans certains domaines. C'est un concept qui se présente dans un grand nombre de cas. Le plus simple est celui d'une intégrale définie. La valeur de l'intégrale définie entre certaines limites

36

dépend de toutes les valeurs de la fonction entre ces limites. La physique mathématique nous offre les exemples les plus frappants. Par exemple la température en un point d'une lame qui est chauffée au bord dépend de toutes les valeurs de la température au bord de la lame. Les fonctions des lignes et des hyperespaces rentrent évidemment dans ce concept.

Il est bien clair que lorsqu'on parle d'une quantité qui dépend de toutes les valeurs d'une ou de plusieurs variables on entend quelque chose de bien différent d'une fonction de fonction.

20. La définition que nous venons de donner est analogue à la définition de fonction ordinaire due à Dirichlet, d'après laquelle on dit qu'une variable est fonction d'une autre variable si à chaque valeur de cette quantité, entre des limites données, correspond une valeur de la première quantité. Nous n'entrerons pas dans les discussions très-importantes, qui se rapportent à cette définition. Il est bien évident qu'on a été amené à la donner par le concept fondamental de loi physique. M. Boutroux tout récemment a approfondi la question d'une manière fort intéressante. Mais en posant certaines conditions on peut passer du concept de fonction tel que l'a posé Dirichlet à celui de fonction analytique. Il est inutile de rappeler ces conditions qui sont bien connues et qui se rapportent à la continuité, à l'existence des dérivées etc.

On peut procéder de la même manière dans le cas des fonctions qui dépendent de toutes les valeurs d'une fonction ou de plusieurs fonctions.

Envisageons le cas le plus simple, celui d'une quantité F qui dépend de toutes les valeurs d'une fonction continue $f(x)$ définie pour toutes les valeurs de x comprises entre a et b. Il n'y a pas de difficulté à étendre le concept de continuité à la quantité F. Supposons maintenant qu'on part d'une fonction initiale $f(x)$, et qu'on la change en la remplaçant par $f(x)+\varepsilon\varphi(x)$ où ε est une quantité infiniment petite. On peut tâcher de calculer la variation de F. Sous certaines conditions la partie du premier ordre de cette variation peut s'exprimer par une intégrale définie

$$\varepsilon \int_a^b \varphi(\xi_1)F'(\xi_1)\, d\xi_1.$$

La fonction $F'(\xi_1)$ joue le rôle de première dérivée. Elle est indépendante de $\varphi(x)$, mais elle dépend en général de toutes les valeurs de $f(x)$, c'est pourquoi on peut tâcher de trouver la variation de $F'(\xi_1)$, lorsqu'on remplace $f(x)$ par $f(x)+\varepsilon\varphi(x)$. Si l'on néglige les parties qui sont infiniment petites d'ordre supérieur à ε, sous certaines conditions, on trouve que cette variation est donnée par

$$\varepsilon \int_a^b \varphi(\xi_2)F''(\xi_1,\xi_2)\, d\xi_2.$$

$F''(\xi_1, \xi_2)$ joue le rôle de première dérivée de $F'(\xi)$ et de seconde dérivée de F. Elle est indépendante de $\varphi(x)$, mais dépend de toutes les valeurs de $f(x)$. Elle est une fonction symétrique de ξ_1 et ξ_2.

On peut aussi procéder au calcul de la troisième dérivée qui s'exprime par une fonction $F'''(\xi_1, \xi_2, \xi_3)$ symétrique et ainsi de suite.

Cela posé, on peut se proposer de développer la valeur de F qui correspond à $f(x) + \varepsilon\varphi(x)$ dans une série de puissances de ε. Sous certaines conditions qui sont tout à fait semblables à celles qu'on a pour la série ordinaire de Taylor on trouve

$$(13)\quad \left\{ \begin{aligned} F &= F_0 + \varepsilon \int_a^b \varphi(\xi_1) F'(\xi_1)\, d\xi_1 + \frac{1}{2}\varepsilon^2 \int_a^b \int_a^b F''(\xi_1, \xi_2)\varphi(\xi_1)\varphi(\xi_2)\, d\xi_1\, d\xi_2 \\ &\quad + \frac{1}{3!}\varepsilon^3 \int_a^b \int_a^b \int_a^b F'''(\xi_1, \xi_2, \xi_3)\varphi(\xi_1)\varphi(\xi_2)\varphi(\xi_3)\, d\xi_1\, d\xi_2\, d\xi_3 + \cdots \\ &\quad + \frac{1}{n!}\varepsilon^n \int_a^b \cdots \int_a^b F^{(n)}(\xi_1, \xi_2 \ldots \xi_n)\varphi(\xi_1)\varphi(\xi_2) \cdots \varphi(\xi_n)\, d\xi_1\, d\xi_2 \cdots d\xi_n + \cdots, \end{aligned} \right.$$

où $F^{(n)}(\xi_1, \xi_2 \ldots \xi_n)$ est une fonction symétrique des n variables, $\xi_1, \xi_2 \ldots \xi_n$, indépendante de $\varphi(x)$.

En prenant $\varepsilon = 1$ on passe facilement à une série analogue à celle de Mac-Laurin.

21. On pourrait prendre comme définition d'une quantité F qui dépend de la fonction $\varphi(x)$ définie pour les valeurs x comprises entre a et b l'expression précédente où l'on fait $\varepsilon = 1$, en supposant que la série soit convergente. Ce serait une définition analytique d'une fonction qui dépend d'une autre fonction, et l'on pourrait en étudier le domaine de convergence. Les différents termes représenteraient des fonctions de différents degrés.

Cependant de cette manière on n'envisagerait pas le cas le plus général.

22. Lorsque F dépend de toutes les valeurs d'une fonction ou de plusieurs fonctions, que celles-ci sont inconnues, et qu'il faut les déterminer, étant données certaines propriétés de F, alors on tombe sur les problèmes les plus intéressants de la théorie. Le calcul des variations n'est que le premier exemple d'une recherche de ce genre.

Mais prenons le cas qui correspond à la formule (13), et supposons que nous écrivions

$$(14)\quad \left\{ \begin{aligned} \vartheta\Psi(x) &= \varepsilon\varphi(x)\alpha + \varepsilon \int_a^b \varphi(\xi_1) F'(\xi_1, x)\, d\xi_1 + \frac{1}{2}\varepsilon^2 \int_a^b \int_a^b F''(\xi_1, \xi_2, x)\varphi(\xi_1)\varphi(\xi_2)\, d\xi_1\, d\xi_2 \\ &\quad + \cdots + \frac{1}{n!}\varepsilon^n \int_a^b \cdots \int_a^b F^{(n)}(\xi_1, \xi_2 \ldots \xi_n, x)\varphi(\xi_1) \cdots \varphi(\xi_n)\, d\xi_1 \cdots d\xi_n, \end{aligned} \right.$$

α étant une quantité donnée et $\Psi(x)$ étant définie pour les valeurs de x comprises entre a et b.

38

Le cas le plus simple est celui où $F'', F''', \ldots F^{(n)} \ldots$ sont nulles, c'est à dire où l'on a

$$(15) \qquad \vartheta \Psi(x) = \varepsilon \varphi(x)\alpha + \varepsilon \int_a^b \varphi(\xi_1) F'(\xi_1, x)\, d\xi_1;$$

c'est le cas de l'inversion des fonctions de premier degré qui est le cas envisagé par M. Fredholm et par moi même lorsque la limite supérieure est égale à x.

Le problème d'invertir une fonction générale de la forme (14) par rapport à l'inversion de la formule (15) n'est que le problème général de l'inversion d'une fonction transcendante par rapport à l'inversion d'une fonction de premier degré. Nous voulons montrer que le cas général peut être résolu.

23. En effet pour obtenir $\varphi(x)$ exprimée par $\Psi(x)$, c'est à dire pour invertir la formule (14), il suffit de tâcher de développer $\varepsilon \varphi(x)$ dans une série de puissances de ϑ.

C'est pourquoi calculons

$$\left(\frac{d(\varepsilon\varphi)}{d\vartheta}\right)_{\vartheta=0} = \left(\frac{d(\varepsilon\varphi)}{d\vartheta}\right)_0, \quad \left(\frac{d^2(\varepsilon\varphi)}{d\vartheta^2}\right)_{\vartheta=0} = \left(\frac{d^2(\varepsilon\varphi)}{d\vartheta^2}\right)_0, \quad \left(\frac{d^3(\varepsilon\varphi)}{d\vartheta^3}\right)_{\vartheta=0} = \left(\frac{d^3(\varepsilon\varphi)}{d\vartheta^3}\right)_0 \ldots$$

On trouve

$$\Psi(x) = \left(\frac{d[\varepsilon\varphi(x)]}{d\vartheta}\right)_0 \alpha + \int_a^b \left(\frac{d[\varepsilon\varphi(\xi_1)]}{d\vartheta}\right)_0 F'(\xi_1, x)\, d\xi_1.$$

Si nous pouvons invertir cette formule, ce qui arrive par exemple lorsque le déterminant n'est pas nul, on trouve

$$(16) \qquad \left\{\frac{d\varepsilon[\varphi(x)]}{d\vartheta}\right\}_0 \varphi(x) = \Psi(x)\beta + \int_a^b \Psi(\eta_1)\Phi'(\eta_1, x)\, d\eta_1.$$

En dérivant une fois encore on a

$$0 = \left\{\frac{d^2[\varepsilon\varphi(x)]}{d\vartheta^2}\right\}_0 \alpha + \int_a^b \left\{\frac{d^2[\varepsilon\varphi(\xi_1)]}{d\vartheta^2}\right\}_0 F'(\xi_1, x)\, d\xi_1$$
$$+ \int_a^b \int_a^b F''(\xi_1, \xi_2, x) \left\{\frac{d[\varepsilon\varphi(\xi_1)]}{d\vartheta}\right\}_0 \left\{\frac{d[\varepsilon\varphi(\xi_2)]}{d\vartheta}\right\}_0 d\xi_1\, d\xi_2$$

c'est à dire

$$(17) \qquad \left\{ \begin{aligned} &\left\{\frac{d^2[\varepsilon\varphi(x)]}{d\vartheta^2}\right\}_0 \alpha + \int_a^b \left\{\frac{d^2[\varepsilon\varphi(\xi_1)]}{d\vartheta^2}\right\}_0 F'(\xi_1, x)\, d\xi_1 \\ &= -\int_a^b \int_a^b F''(\xi_1, \xi_2, x) \left\{\frac{d[\varepsilon\varphi(\xi_1)]}{d\vartheta}\right\}_0 \left\{\frac{d[\varepsilon\varphi(\xi_2)]}{d\vartheta}\right\}_0 d\xi_1\, d\xi_2 \\ &= \int_a^b \int_a^b \Phi_1(\eta_1, \eta_2, x)\Psi(\eta_1)\Psi(\eta_2)\, d\eta_1\, d\eta_2 \end{aligned} \right.$$

en remplaçant $\left\{\dfrac{d[\varepsilon\varphi(\xi_1)]}{d\vartheta}\right\}_0$, $\left\{\dfrac{d[\varepsilon\varphi(\xi_2)]}{d\vartheta}\right\}_0$ par les valeurs données par la formule (16). Si l'on invertit la dernière formule en employant une formule analogue à la formule (16) on trouve

$$\left\{\frac{d^2[\varepsilon\varphi(x)]}{d\vartheta^2}\right\}_0 = \int_a^b \int_a^b \Phi''(\eta_1,\eta_2,x)\Psi(\eta_1)\Psi(\eta_2)\,d\eta_1\,d\eta_2.$$

De même on trouve

$$\left\{\frac{d^3[\varepsilon\varphi(x)]}{d\vartheta^3}\right\}_0 = \int_a^b \int_a^b \int_a^b \Phi'''(\eta_1,\eta_2,\eta_3,x)\Psi(\eta_1)\Psi(\eta_2)\Psi(\eta_3)\,d\eta_1\,d\eta_2\,d\eta_3.$$

et ainsi de suite, de sorte qu'on aura

$$\left[\frac{d(\varepsilon\varphi)}{d\vartheta}\right]_0 \vartheta + \frac{1}{2}\left[\frac{d^2(\varepsilon\varphi)}{d\vartheta^2}\right]_0 \vartheta^2 + \frac{1}{3!}\left[\frac{d^3(\varepsilon\varphi)}{d\vartheta^3}\right]_0 \vartheta^3 + \cdots = \varepsilon\varphi(x) = \vartheta\Psi(x)\beta$$

$$+\, \vartheta \int_a^b \Psi(\eta_1)\Phi'(\eta_1,x)\,d\eta_1 + \frac{1}{2}\vartheta^2 \int_a^b \int_a^b \Phi''(\eta_1,\eta_2,x)\Psi(\eta_1)\Psi(\eta_2)\,d\eta_1\,d\eta_2$$

$$+\cdots + \frac{1}{n!}\vartheta^n \int_a^b \cdots \int_a^b \Phi^{(n)}(\eta_1\ldots\eta_n,x)\Psi(\eta_1)\cdots\Psi(\eta_n)\,d\eta_1\cdots d\eta_n + \cdots.$$

Il faudra établir les conditions de convergence de la série précédente et son domaine de validité.—On peut regarder $\Phi^{(n)}$ comme une fonction symétrique de $\eta_1,\eta_2\ldots\eta_n$. Nous n'entrerons pas dans les détails par rapport à la vérification de la formule que nos avons donnée ni sur la question de l'unicité de la solution.

24. Je ne puis terminer cet argument sans toucher à la question des méthodes qu'on appelle de Jacobi-Hamilton. Les mémoires de Hamilton publiés en 1834 et 1835 ont été le point de départ d'un grand nombre de travaux qui sont parmi les plus beaux de la mécanique analytique. Jacobi est le premier qui en ait fait ressortir tout l'intérêt. Le principe d'abord limité aux questions mécaniques a été étendu aux problèmes des isopérimètres et enfin à tous les problèmes du calcul des variations relatifs aux intégrales simples. On peut regarder la plupart des problèmes de la physique mathématique comme ressortant des questions du calcul des variations relatives aux intégrales multiples, et il est par suite intéressant d'étendre les mêmes méthodes à ces cas. Pour atteindre le but il suffit de remarquer que la méthode Jacobi-Hamilton est fondée sur le concept d'envisager l'intégrale simple dont on veut annuler la variation comme une fonction des limites de l'intégrale et des valeurs arbitraires des fonctions inconnues aux limites. Donc pour étendre la même méthode au cas des intégrales multiples il faut les regarder comme dépendantes des lignes ou des surfaces ou des hyperespaces qui limitent les intégrales

données et de toutes les valeurs des fonctions inconnues au contour. C'est pourquoi les concepts que nous avons introduits sont nécessaires pour étendre les méthodes Jacobi-Hamilton aux problèmes de la physique mathématique.

Bibliographie.

PICARD.   Traité d'analyse.

——.   Mémoire sur la théorie des fonctions algébriques. Journ. des Math. pures et appliquées. 1889.

POINCARÉ.   Sur les résidues des intégrales doubles. Acta Math. T. 9.

LISTING.   Der Census räumlicher Complexe. Abh. K. Gesellsch. d. Wiss. zu Göttingen. 1862.

BETTI.   Sopra gli spazii di un numero qualunque di dimensioni. Annali di Mat. T. IV.

POINCARÉ.   Analysis situs. Journ. de l'École Polyt. 1895.

VOLTERRA.   Sulle funzioni dipendenti da altre funzioni. Rend. Acc. Lincei 1887.

——.   Sulle funzioni dipendenti da linee. Ibid.

——.   Delle variabili complessi negli iperspazii. Ibid. 1880.

——.   Sulle funzioni coniugate. Ibid.

——.   Sulle funzioni di iperspazii e sui loro parametri diff. Ibid.

——.   Sulle equazioni differenziali che provengono da questioni di calcolo delle variazioni. Ibid. 1890.

——.   Sopra una estensione della teoria Jacobi-Hamilton del calcolo delle variazioni. Ibid.

——.   Sulle variabili complesse negli iperspazii. Ibid.

——.   Sur une généralisation de la théorie des variables imaginaires. Acta Mathematica 1889.

——.   Sulla inversione degli integrali definiti. Note I, II, III, IV. Atti della R. Accademia di Torino 1896.

——.   Sulla inversione degli integrali definiti. Rend. Acc. Lincei 1896.

——.   Sulla inversione degli integrali multipli. Ibid.

——.   Sopra alcune questioni di inversione di integrali definiti. Annali di Mat. 1897.

8ième leçon.

1. Il est bien souvent nécessaire de revenir sur la signification des mots dont on fait un usage continuel dans la science. C'est leur sort d'évoluer et par suite de se transformer et de se plier à tant d'exigences différentes que non seulement le sens primitif est quelquefois presque complètement évanoui, mais que la signification

actuelle est très-difficile à découvrir lorsqu'on pense à la chercher. C'est ce qui arrive par rapport à la *théorie générale des ondes*. Tout le monde en parle et tous parlent de son influence, en l'opposant à d'autres systèmes. Mais les limites en sont elles-marquées, et peut-on établir sous quelles conditions une classe de phénomènes s'explique par le système des ondes? Nous n'entrerons pas dans la discussion de ces questions qui mériteraient une étude approfondie; nous dirons seulement qu'une grande classe de phénomènes peuvent se grouper au point de vue analytique sous une même catégorie bien définie, car leurs équations différentielles du type hyperbolique ont des propriétés communes qui ressortent principalement de l'existence de caractéristiques réelles.

On envisage par là une grande partie des phénomènes qu'on a l'habitude de regarder comme dépendant du système des ondes, mais on ne peut pas dire que sous cette classe d'équations différentielles on ait groupé tous les phénomènes qui se relient à la théorie des ondes. On peut citer, par exemple, les ondes des liquides incompressibles et pesants qui dépendent d'équations d'une autre nature. (Voir $11^{\text{ème}}$ leçon). Toujours est-il que l'étude des équations différentielles dont nous venons de parler forme une théorie que l'on peut envisager à part et approfondir par des méthodes générales qu'on est en train de perfectionner peu à peu. Par rapport à ces équations il faut dire qu'elles ont marqué le plus grand triomphe de la physique mathématique, car c'est l'analogie entre les équations des vibrations des corps élastiques et celles des champs électrodynamiques qui ont conduit à la théorie électromagnétique de la lumière et aux expériences de Hertz.

2. Nous envisageons dans cette leçon quelques équations qui rentrent dans cette catégorie, et nous examinons les plus simples. Elles peuvent servir à nous montrer d'une manière claire, sans entrer dans les détails, les propriétés principales et la portée des méthodes qu'on a tâché d'employer pour leur étude. Considérons les équations

$$(1) \quad \frac{\partial^2 v}{\partial x^2} - \frac{\partial^2 v}{\partial y^2} = 0, \quad \frac{\partial^2 v}{\partial x^2} + \frac{\partial^2 v}{\partial y^2} - \frac{\partial^2 v}{\partial z^2} = 0, \quad \frac{\partial^2 v}{\partial x_1^2} + \frac{\partial^2 v}{\partial x_2^2} + \frac{\partial^2 v}{\partial x_3^2} - \frac{\partial^2 v}{\partial x_4^2} = 0 \ldots$$

La première est celle qu'on appelle des cordes vibrantes, la seconde est celle des membranes vibrantes, la troisième des corps vibrants etc. et l'on peut les comparer avec les équations de Laplace à deux, trois, quatre variables indépendantes que nous avons déjà envisagées dans les leçons précédentes. On peut passer des unes aux autres par des transformations très-simples. C'est ainsi qu'en remplaçant dans la seconde par exemple z par iz, elle devient l'équation de Laplace à trois variables. Bien des propriétés peuvent se déduire par cette simple transformation.

3. Nous voulons d'abord comparer deux formules qui nous montreront tout de suite le caractère des équations (1) et celui de l'équation de Laplace. Le cas le plus frappant et en même temps le plus simple est relatif à trois variables, et

42

l'on peut même considérer le cas plus général où le second membre n'est pas nul. Soit u une fonction qui vérifie l'équation

$$(I) \qquad \frac{\partial^2 u}{\partial x^2} + \frac{\partial^2 u}{\partial y^2} + \frac{\partial^2 u}{\partial z^2} = f(x, y, z)$$

et supposons qu'elle soit finie, continue et monodrome dans un domaine S limité par un contour σ. Supposons que la fonction f soit aussi finie, continue et monodrome. La formule de Green donne la valeur de u, dans un point M_i de coordonnées x_1, y_1, z_1 interne au domaine, exprimée par les valeurs de u et de la dérivée de u par rapport à la normale au contour. Voici la formule

$$(2) \qquad u(x_1, y_1, z_1) = -\frac{1}{4\pi} \int_\sigma \left(u \frac{\partial \frac{1}{r}}{\partial n} - \frac{\partial u}{\partial n} \cdot \frac{1}{r} \right) d\sigma - \frac{1}{4\pi} \int_S f \frac{1}{r} \, dS$$

où $r = \sqrt{(x_1 - x)^2 + (y_1 - y)^2 + (z_1 - z)^2}$, x, y, z étant les coordonnées du point indice des intégrations. On suppose que la normale n soit dirigée vers la partie externe du domaine S. Si le point de coordonnées x_1, y_1, z_1 au lieu d'être un point interne M_i est un point externe M_e, la formule précédente devient

$$(3) \qquad 0 = -\frac{1}{4\pi} \int_\sigma \left(u \frac{\partial \frac{1}{r}}{\partial n} - \frac{\partial u}{\partial n} \frac{1}{r} \right) d\sigma - \frac{1}{4\pi} \int_S f \frac{1}{r} \, dS.$$

On peut par une simple transformation écrire la formule (2) d'une autre manière. Intégrons et dérivons successivement le second membre par rapport à z_1. On aura

$$(2') \qquad u(x_1, y_1, z_1) = \frac{\partial}{\partial z_1} \left\{ -\frac{1}{4\pi} \int_\sigma \left(u \frac{\partial \varphi}{\partial n} - \frac{\partial u}{\partial n} \varphi \right) d\sigma - \frac{1}{4\pi} \int_S f \varphi \, dS \right\}$$

où l'on a posé

$$(4) \qquad \varphi = \log \left(\frac{z_1 - z}{\sqrt{(x_1 - x)^2 + (y_1 - y)^2}} + \sqrt{\frac{(z_1 - z)^2}{(x_1 - x)^2 + (y_1 - y)^2} + 1} \right);$$

de même la formule (3) pourra s'écrire

$$(3') \qquad 0 = \frac{\partial}{\partial z_1} \left\{ -\frac{1}{4\pi} \int_\sigma \left(u \frac{\partial \varphi}{\partial n} - \frac{\partial u}{\partial n} \varphi \right) d\sigma - \frac{1}{4\pi} \int_S f \varphi \, dS \right\}.$$

4. Indiquons maintenant la formule analogue à la formule (2′) pour l'équation

$$(II) \qquad \frac{\partial^2 v}{\partial x^2} + \frac{\partial^2 v}{\partial y^2} - \frac{\partial^2 v}{\partial z^2} = f(x, y, z).$$

Menons un cône de révolution à 45° ayant pour axe une droite parallèle à l'axe z et pour sommet le point M_i dont les coordonnées sont $x_1\, y_1\, z_1$, et appelons σ' une surface simplement connexe découpée par le cône et ayant pour contour la ligne d'intersection avec le cône. Soit S' l'espace compris entre le cône et la sur-

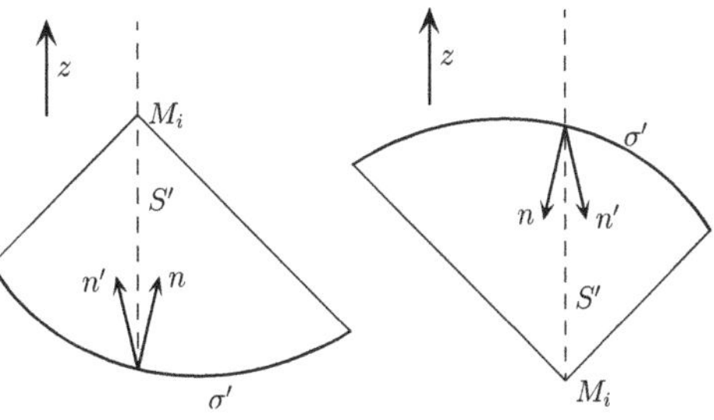

face, n étant la normale à la surface dirigée vers l'intérieur de l'espace S', soient $\cos nx, \cos ny, \cos nz$ les cosinus des angles qu'elle forme avec les axes coordonnés.

Nous appelons (avec M. d'Adhémar) *conormale* la direction n' telle que

$$\cos n'x = -\cos nx, \quad \cos n'y = -\cos ny, \quad \cos n'z = \cos nz.$$

On aura alors

$$(5) \qquad v(x_1\, y_1\, z_1) = \frac{\partial}{\partial z_1}\left\{ -\frac{1}{2\pi}\int_{\sigma'}\left(v\frac{\partial\varphi'}{\partial n'} - \frac{\partial v}{\partial n'}\varphi'\right)d\sigma' - \frac{1}{2\pi}\int_{S'}\varphi' f\, dS'\right\}$$

où

$$(6) \qquad \varphi' = \log\left(\frac{z_1 - z}{\sqrt{(x_1-x)^2+(y_1-y)^2}} + \sqrt{\frac{(z_1-z)^2}{(x_1-x)^2+(y_1-y)^2} - 1}\,\right)$$

en supposant v et f finies, continues et monodromes, et x, y, z étant les coordonnées du point indice des intégrations.

5. Les deux formules $(2')$ et (5) sont tout à fait correspondantes l'une à l'autre. C'est en les comparant et en remarquant leurs différences qu'on pourra se faire une idée des analogies et en même temps des propriétés différentes des équations (I) et (II). D'abord on remarquera que dans la formule $(2')$ la surface σ et l'espace S renferment le point où l'on détermine la fonction u, tandis que dans la formule (5) paraissent seulement les valeurs de v et de la dérivée conormale le long de la surface σ' découpée par le cône et les valeurs de f à l'intérieur de S'. Dans la formule $(2')$ les espaces où l'on calcule les intégrales sont toujours les mêmes quel que soit M_i. Dans la formule (5) ils changent en déplaçant M_i. Les cônes de révolution à 45° ayant l'axe parallèle à z jouent donc dans ce cas un rôle considérable. Ils sont en effet les cônes caractéristiques.

44

En général lorsqu'on envisage une équation linéaire à coefficients constants de $2^{\text{ième}}$ ordre

$$\sum_{r=1}^{n}\sum_{s=1}^{n} a_{rs}\frac{\partial^2 u}{\partial x_r \partial x_s} + \sum_{i=1}^{n} b_i \frac{\partial u}{\partial x_i} + ku = 0,$$

les surfaces ayant pour équations dans l'hyperespace $x_1, x_2 \ldots x_n$

$$\sum_r \sum_s a_{rs}(x_r - x_r^0)(x_s - x_s^0) = 0,$$

où $x_1^0 \ldots x_s^0$ sont des quantités constantes, s'appellent les cônes caractéristiques.

Or par rapport à l'équation (I) les cônes ont pour équation

$$(x - x_0)^2 + (y - y_0)^2 + (z - z_0)^2 = 0,$$

c'est pourquoi ils sont imaginaires, tandis que pour l'équation (II) les cônes sont représentés par

$$(x - x_0)^2 + (y - y_0)^2 - (z - z_0)^2 = 0.$$

Ils sont réels et sont justement les cônes de révolution à 45° que nous avons envisagés.

6. Une autre particularité qu'il faut mettre en évidence est que dans la formule $(2')$ les valeurs u et $\dfrac{\partial u}{\partial n}$ au contour ne sont pas indépendantes entre elles. Si les valeurs de u sont données, les valeurs de $\dfrac{\partial u}{\partial n}$ sont déterminées aussi.

La chose est bien différente dans le cas de la formule (5). Pour certaines surfaces σ les valeurs de v et de $\dfrac{\partial v}{\partial n}$ sont indépendantes, tandis que pour d'autres surfaces ou certaines parties d'une surface elles sont indépendantes et pour d'autres ne le sont pas. Nous aurons l'occasion de revenir sur ce point.

7. On peut chercher une formule qui corresponde à la formule $(3')$ et il est bien facile de la trouver.

Soit σ' une surface interne au cône, et soit S' un domaine compris entre σ' et la surface du cône, mais supposons que le sommet M_e du cône soit un point externe au domaine S'.

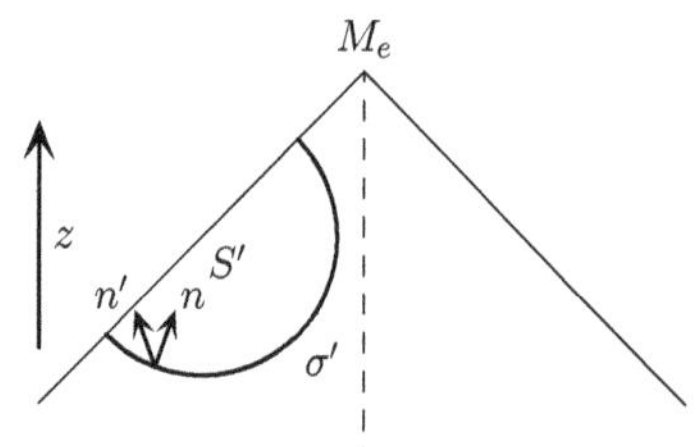

On aura alors

$$(7) \qquad 0 = \frac{\partial}{\partial z_1}\left\{ -\frac{1}{2\pi}\int_{\sigma'}\left(u\frac{\partial \varphi'}{\partial n'} - \frac{\partial u}{\partial n'}\varphi'\right)d\sigma - \frac{1}{2\pi}\int_{S'}\varphi' f\, dS'\right\}$$

où n' représente toujours la conormale de la surface σ'.

8. En calculant la dérivée par rapport à z_1 qui paraît dans le second membre de l'équation (2′) on revient à la formule originaire (2).

Le calcul analogue dans la formule (5) n'est pas aussi simple, parce qu'une variation des coordonnées x_1, y_1, z_1 du point M_i change la surface σ' découpée par le cône caractéristique. C'est pourquoi il est évident que la dérivation ne peut pas être faite directement sous les intégrales. La dérivée peut cependant se calculer très facilement dans le second et dans le troisième terme du second membre et par là la formule (5) peut s'écrire de la manière suivante

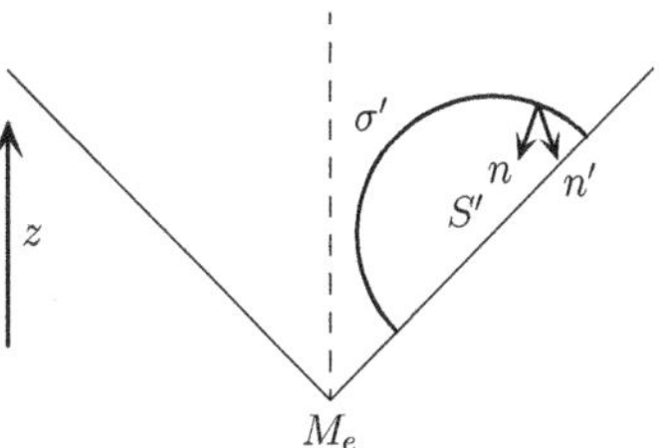

$$5')\quad\begin{cases} v(x_1,y_1,z_1) = \dfrac{1}{2\pi}\dfrac{\partial}{\partial z_1}\displaystyle\int_{\sigma'} \dfrac{1}{\sqrt{(z_1-z)^2-(x_1-x)^2-(y_1-y)^2}} \\[4mm] \qquad\left(\cos nz - \dfrac{z_1-z}{(x_1-x)^2+(y_1-y)^2}\big[(x-x_1)\cos nx + (y-y_1)\cos ny\big]\right) v\,d\sigma' \\[4mm] \quad +\dfrac{1}{2\pi}\displaystyle\int_{\sigma'} \dfrac{1}{\sqrt{(z_1-z)^2-(x_1-x)^2-(y_1-y)^2}}\dfrac{\partial v}{\partial n'}\,d\sigma' \\[4mm] \quad -\dfrac{1}{2\pi}\displaystyle\int_{S'} \dfrac{1}{\sqrt{(z_1-z)^2-(x_1-x)^2-(y_1-y)^2}}f\,dS'. \end{cases}$$

La formule (7) peut se transformer de même. Dans ce cas le premier membre est nul.

9. Revenons maintenant à la formule (2). Le second membre peut se décomposer en deux termes. La première intégrale étendue à la surface σ exprime évidemment une fonction harmonique, c'est à dire qui vérifie l'équation de Laplace à l'intérieur de S, c'est pourquoi si l'on prend

$$W(x_1\,y_1\,z_1) = \int \frac{f\,dS}{z}$$

on a

$$\frac{\partial^2 W}{\partial x_1^2} + \frac{\partial^2 W}{\partial y_1^2} + \frac{\partial^2 W}{\partial z_1^2} = -4\pi f(x_1\,y_1\,z_1),$$

formule qui correspond à un théorème célèbre de Poisson. De même prenons la formule (5′) et considérons la dernière partie du second membre, c'est à dire

$$W'(x_1\,y_1\,z_1) = \int_S \frac{f\,dS}{\sqrt{(x_1-x)^2-(y_1-y)^2-(z_1-z)^2}}.$$

Puisque, comme on le vérifie facilement, la première partie du second membre satisfait à l'équation (II) où l'on suppose nul le second membre, on voit tout de suite que

$$\frac{\partial^2 W'}{\partial x_1^2} + \frac{\partial^2 W'}{\partial y_1^2} - \frac{\partial^2 W'}{\partial z_1^2} = -2\pi f(x_1\, y_1\, z_1).$$

On a par là un théorème qui a bien des rapports avec celui de Poisson. Dans le cas de Poisson l'intégrale doit être étendue toujours au même espace S, dans le théorème que nous venons d'énoncer l'intégrale est étendue à la partie d'un espace qui est intérieur au cône caractéristique ayant pour sommet le point $x_1\, y_1\, z_1$.

Par la formule (2) on peut facilement déduire les discontinuités relatives aux dérivées des potentiels des surfaces et les discontinuités des potentiels des doubles couches. On obtient des formules semblables en employant la formule (5′) d'une manière analogue.

10. Nous avons jusqu'à présent envisagé l'espace interne au cône, mais pour l'espace externe au cône on peut établir de nouvelles formules qui n'ont pas de correspondantes dans le cas de l'équation de Laplace.

Menons le cône caractéristique ayant pour sommet le point M de coordonnées $x_1\, y_1\, z_1$.

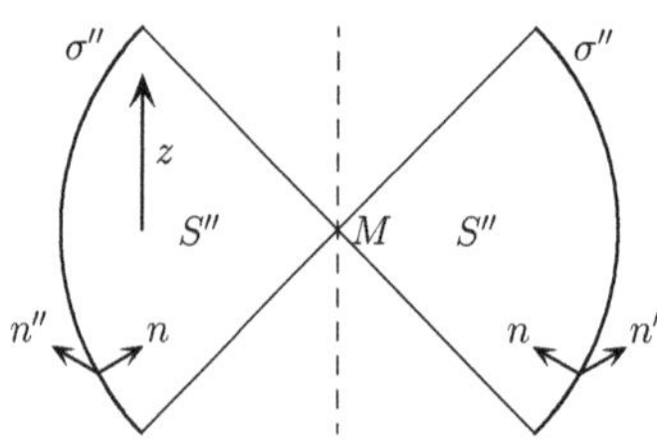

Soit σ'' une surface externe au cône et découpée par le cône, et supposons que S'' soit un domaine externe au cône limité par σ'' et par la surface du cône. n étant la normale à la surface σ'' dirigée vers l'intérieur de S'', appelons n'' la conormale. Posons pour simplifier

$$\rho = \sqrt{(x-x_1)^2 + (y-y_1)^2}$$
$$\cos n\rho = \frac{x-x_1}{\rho}\cos nx + \frac{y-y_1}{\rho}\cos ny.$$

Enfin supposons que dans le domaine S'', v et f soient finies, continues et monodromes. Alors on aura

$$
(8) \quad
\begin{cases}
v(x_1\,y_1\,z_1) = -\dfrac{1}{2\pi^2} \displaystyle\int_{\sigma''} \dfrac{\cos n\rho}{\rho\sqrt{(x-x_1)^2+(y-y_1)^2-(z-z_1)^2}} v\,d\sigma'' \\[2ex]
\quad -\dfrac{1}{2\pi^2}\dfrac{\partial}{\partial z_1}\displaystyle\int_{\sigma''} \dfrac{1}{\sqrt{(x-x_1)^2+(y-y_1)^2-(z-z_1)^2}} \\[2ex]
\qquad \cdot \log\left(\dfrac{(x-x_1)^2+(y-y_1)^2-(z-z_1)^2}{\rho}\right) \\[2ex]
\qquad \cdot \left(\cos nz - \dfrac{z_1-z}{\rho}\cos n\rho\right) v\,d\sigma'' \\[2ex]
\quad -\dfrac{1}{2\pi^2}\displaystyle\int_{\sigma''} \dfrac{1}{\sqrt{(x-x_1)^2+(y-y_1)^2-(z-z_1)^2}} \\[2ex]
\qquad \cdot \log\left(\dfrac{(x-x_1)^2+(y-y_1)^2-(z-z_1)^2}{\rho}\right) \dfrac{\partial v}{\partial n''}\,d\sigma'' \\[2ex]
\quad +\dfrac{1}{2\pi^2}\displaystyle\int_{S''} \dfrac{1}{\sqrt{(x-x_1)^2+(y-y_1)^2-(z-z_1)^2}} \\[2ex]
\qquad \cdot \log\left(\dfrac{(x-x_1)^2+(y-y_1)^2-(z-z_1)^2}{\rho}\right) f\,dS'',
\end{cases}
$$

où x, y, z sont les coordonnées du point indice des intégrations. Si nous écrivons dans le cas de l'espace externe une expression tout à fait analogue à celle qui paraît dans le second membre de l'équation (5) ou (5′), on ne trouve pas la valeur de v au sommet du cône, mais une valeur nulle. On a donc :

$$
(9) \quad
\begin{cases}
0 = \dfrac{\partial}{\partial z_1}\displaystyle\int_{\sigma''} \dfrac{1}{\sqrt{(x-x_1)^2+(y-y_1)^2-(z-z_1)^2}} \\[2ex]
\quad \left(\cos nz - \dfrac{z_1-z}{(x_1-x)^2+(y_1-y)^2}\big[(x-x_1)\cos nx + (y-y_1)\cos ny\big]\right) v\,d\sigma'' \\[2ex]
\quad +\displaystyle\int_{\sigma''} \dfrac{1}{\sqrt{(x-x_1)^2+(y-y_1)^2-(z-z_1)^2}} \dfrac{\partial v}{\partial n''}\,d\sigma'' \\[2ex]
\quad -\displaystyle\int_{S''} \dfrac{1}{\sqrt{(x-x_1)^2+(y-y_1)^2-(z-z_1)^2}} f\,dS''.
\end{cases}
$$

11. Particularisons maintenant les formules générales. On peut commencer par supposer $f = 0$. Il est évident alors que dans les formules précédentes tous les termes où paraît cette quantité s'évanouissent. Elles se rapportent alors aux

48

intégrales de l'équation

$$\text{(III)} \qquad \frac{\partial^2 v}{\partial x^2} + \frac{\partial^2 v}{\partial y^2} - \frac{\partial^2 v}{\partial z^2} = 0.$$

C'est pourquoi les formules $(5')$ (9) (8) deviennent des formules correspondantes, mais d'une nature complètement différente, aux formules bien connues des fonctions harmoniques, c'est à dire des intégrales de l'équation de Laplace. Elles s'écriront alors

$$\text{(10)} \quad \left\{ \begin{aligned} v(x_1\, y_1\, z_1) &= \frac{1}{2\pi}\frac{\partial}{\partial z_1}\int_{\sigma'} \frac{1}{\sqrt{(z_1-z)^2-\rho^2}}\left(\cos nz - \frac{z_1-z}{\rho}\cos n\rho\right) v\, d\sigma' \\ &+ \frac{1}{2\pi}\int_{\sigma'}\frac{1}{\sqrt{(z_1-z)^2-\rho^2}}\frac{\partial v}{\partial n'}\, d\sigma'. \end{aligned}\right.$$

$$\text{(11)} \quad \left\{ \begin{aligned} 0 &= \frac{\partial}{\partial z_1}\int_{\sigma''}\frac{1}{\sqrt{(z_1-z)^2-\rho^2}}\left(\cos nz - \frac{z_1-z}{\rho}\cos n\rho\right) d\sigma'' \\ &+ \frac{1}{2\pi}\int_{\sigma''}\frac{1}{\sqrt{(z_1-z)^2-\rho^2}}\frac{\partial v}{\partial n''}\, d\sigma''. \end{aligned}\right.$$

$$\text{(12)} \quad \left\{ \begin{aligned} v(x_1\, y_1\, z_1) &= -\frac{1}{2\pi^2}\int_{\sigma''}\frac{\cos n\rho}{\rho\sqrt{\rho^2-(z-z_1)^2}}v\, d\sigma'' \\ &- \frac{1}{2\pi^2}\frac{\partial}{\partial z_1}\int_{\sigma''}\frac{1}{\sqrt{\rho^2-(z-z_1)^2}}\log\frac{\rho^2-(z-z_1)^2}{\rho}\left(\cos nz - \frac{z_1-z}{\rho}\cos n\rho\right)v\, d\sigma'' \\ &- \frac{1}{2\pi^2}\int_{\sigma''}\frac{1}{\sqrt{\rho^2-(z-z_1)^2}}\log\left(\frac{\rho^2-(z-z_1)^2}{\rho}\right)\frac{\partial v}{\partial n''}\, d\sigma''. \end{aligned}\right.$$

12. On peut ensuite particulariser la forme des surfaces σ' et σ''. Supposons d'abord que la surface σ' soit le plan coordonné xy, et supposons $z_1 > z = 0$.

Alors la formule (10) devient

$$\text{(13)} \quad \left\{ \begin{aligned} v(x_1\, y_1\, z_1) &= \frac{1}{2\pi}\frac{\partial}{\partial z_1}\int_{\sigma'}\frac{1}{\sqrt{(z_1-z)^2-(x_1-x)^2-(y_1-y)^2}}v\, d\sigma' \\ &+ \frac{1}{2\pi}\int_{\sigma'}\frac{1}{\sqrt{(z_1-z)^2-(x_1-x)^2-(y_1-y)^2}}\frac{\partial v}{\partial z}\, d\sigma', \end{aligned}\right.$$

car la normale n et la conormale n' coïncident avec z.

Dans ce cas, v et $\dfrac{\partial v}{\partial z}$ sont indépendants entre eux (Voir § 6). Cette formule nous donne l'intégrale générale de l'équation (III) sous une forme bien connue qu'on appelle de Poisson-Parseval.

On trouve une formule tout à fait analogue si l'on suppose que le point M_i soit au-dessous du plan xy.

Supposons maintenant que la surface σ' devienne un cylindre indéfini γ ayant les génératrices parallèles à l'axe z et aussi que la coordonnée z_1 du point M_i soit supérieure aux coordonnées z des points de γ. Enfin supposons que v soit nulle pour toutes les valeurs de z inférieures à une certaine limite $-Z$.

Dans ce cas la formule (10) deviendra

$$14)\quad v(x_1\,y_1\,z_1) = \frac{1}{2\pi}\int_s ds\left\{\frac{\delta}{\delta n}\int_\rho^\infty v(x,y,z_1-\xi)\frac{d\xi}{\sqrt{\xi^2-\rho^2}} - \frac{\partial}{\partial n}\int_\rho^\infty v(x,y,z_1-\xi)\frac{d\xi}{\sqrt{\xi^2-\rho^2}}\right\},$$

où l'on suppose que

$$\rho = \sqrt{x^2+y^2},$$

s étant l'intersection du cylindre γ avec un plan parallèle au plan xy, et x,y étant les coordonnées des points de la ligne s.

Par rapport aux dérivées normales représentées par les symboles $\dfrac{\partial}{\partial n}$ et $\dfrac{\delta}{\delta n}$ nous convenons que si f est une fonction de x,y,ρ et que si l'on regarde ces quantités comme des variables indépendantes

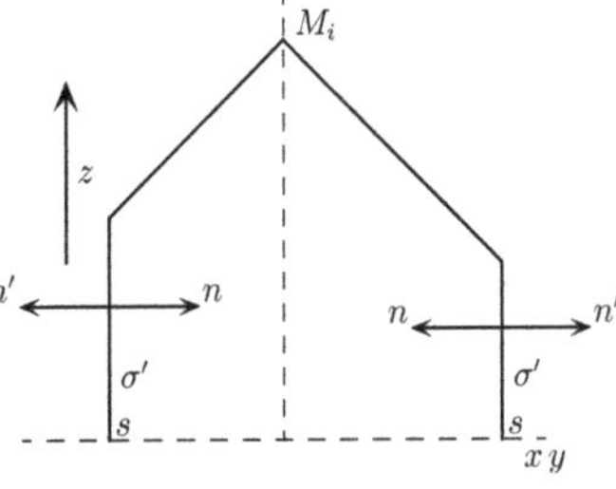

$$\frac{\delta f}{\delta n} = \frac{\partial f}{\partial x}\frac{\partial x}{\partial n} + \frac{\partial f}{\partial y}\frac{\partial y}{\partial n}$$

$$\frac{\delta f}{\delta n} = \frac{\partial f}{\partial \rho}\frac{\partial \rho}{\partial n}.$$

Dans ce cas les valeurs de v et de la dérivée normale de v sur le cylindre ne sont pas indépendantes entre elles.

13. On peut enfin imaginer un cas mixte des deux précédents où la surface σ' est constituée en partie par un

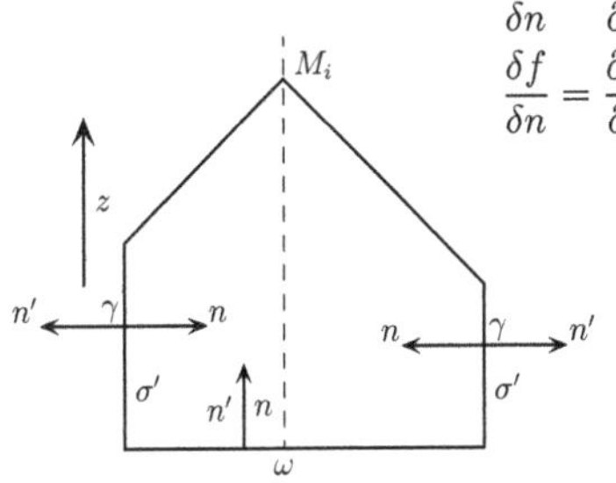

cylindre γ et en partie par un plan parallèle au plan xy. Alors le second membre de la formule (10) est constitué de deux parties dont l'une a la forme du second membre de l'équation (14) et l'autre celle du second membre de l'équation (13). Sur γ les valeurs de v et de la dérivée normale ne sont pas indépendantes, tandis qu'elles sont indépendantes sur le plan ω.

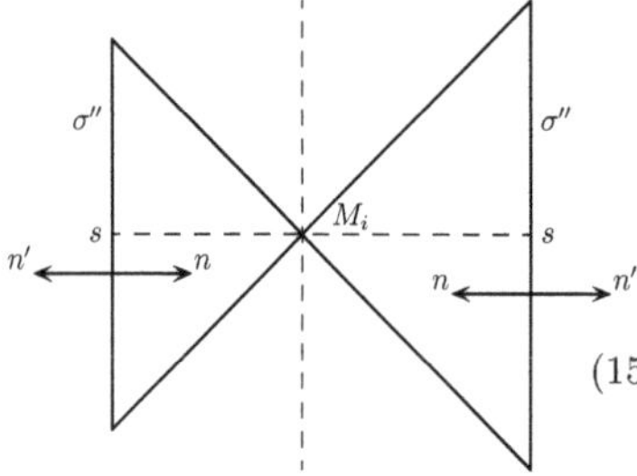

14. Les formules (8) et (9) peuvent aussi se particulariser en supposant que σ'' se réduise à une surface cylindrique ayant les génératrices parallèles à l'axe z, et alors elles deviennent respectivement

$$(15) \quad \left\{ 0 = \int_s ds \left\{ \frac{\partial}{\partial n} \int_{-\rho}^{\rho} v(x_1, y_1, z_1 - \xi) \frac{d\xi}{\sqrt{\rho^2 - \xi^2}} - \frac{\delta}{\delta n} \int_{-\rho}^{\rho} v(x_1, y_1, z_1 - \xi) \frac{d\xi}{\sqrt{\rho^2 - \xi^2}} \right\} \right.$$

$$(16) \quad \left\{ v(x_1, y_1, z_1) = \frac{1}{2\pi^2} \int_s ds \left\{ \frac{\partial}{\partial n} \int_{-\rho}^{\rho} v(x_1, y_1, z_1 - \xi) \log\left(\frac{\rho^2 - \xi^2}{\rho}\right) \frac{d\xi}{\sqrt{\rho^2 - \xi^2}} \right. \right.$$
$$\left. \left. - \frac{\delta}{\delta n} \int_{-\rho}^{\rho} v(x_1, y_1, z_1 - \xi) \log\left(\frac{\rho^2 - \xi^2}{\rho}\right) \frac{d\xi}{\sqrt{\rho^2 - \xi^2}} \right\} \right. .$$

Dans ce cas v et $\dfrac{\partial v}{\partial n}$ ne sont pas indépendants.

$9^{\text{ième}}$ leçon.

15. Dans le § 13 nous avons envisagé le cas mixte où sur ω les valeurs de v et de $\dfrac{\partial v}{\partial n}$ sont indépendantes entre elles, tandis qu'elles ne sont pas indépendantes sur la surface cylindrique γ. Sur cette surface il suffit de donner les valeurs de v ou de $\dfrac{\partial n}{\partial n}$ pour déterminer $v(x_1\, y_1\, z_1)$. Il faut donc tâcher d'éliminer les valeurs de $\dfrac{\partial v}{\partial n}$ ou de v sur γ. On peut atteindre le but dans certains cas très-aisément, et nous allons les approfondir pour montrer que la célèbre méthode des images découverte par Lord Kelvin pour l'intégration de l'équation de Laplace peut être aussi employée quelquefois pour les équations analogues ayant les cônes caractéristiques réels. On trouve par là un résultat complètement inattendu, c'est à dire que lorsqu'on envisage les équations à caractéristiques réelles, même dans le cas où l'on a un nombre infini d'images, la solution peut ne pas être donnée par des séries infinies, mais par un nombre fini de termes. Ce résultat semble au premier abord paradoxal,

mais il tient à ce que dans chaque cas le nombre des images dont on a besoin est fini en vertu de la réalité des cônes caractéristiques.

Supposons que la surface cylindrique γ se réduise au plan yz $(z > 0)$ et ω au plan xy $(x > 0)$, c'est à dire que ω soit un segment d'un cercle et γ un segment d'hyperbole.

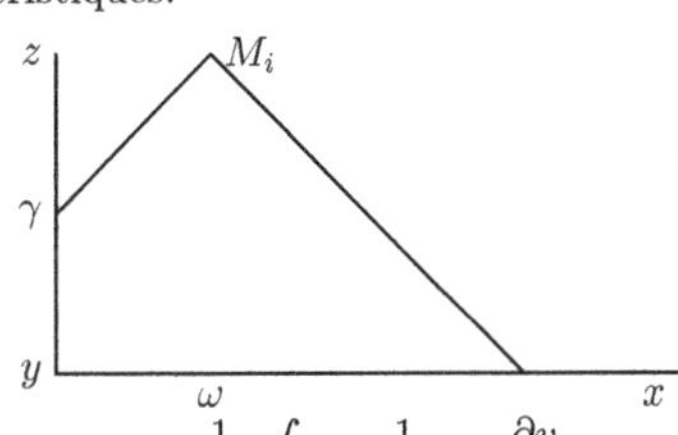

Dans ce cas la formule $(5')$ s'écrit

$$(17) \quad \left\{ \begin{aligned} v(x_1\, y_1\, z_1) &= \frac{1}{2\pi} \frac{\partial}{\partial z_1} \int_\omega \frac{1}{\sqrt{z_1^2 - \rho^2}} v\, d\omega + \frac{1}{2\pi} \int_\omega \frac{1}{\sqrt{z_1^2 - \rho^2}} \frac{\partial v}{\partial z}\, d\omega \\ &\quad - \frac{1}{2\pi} \frac{\partial}{\partial z_1} \int_\gamma \frac{1}{\sqrt{(z_1 - z)^2 - \rho^2}} \frac{z_1 - z}{\rho} \cos(n\rho) v\, d\gamma \\ &\quad - \frac{1}{2\pi} \int_\gamma \frac{1}{\sqrt{(z_1 - z)^2 - \rho^2}} \frac{\partial v}{\partial x}\, d\gamma. \end{aligned} \right.$$

Or pour éliminer les valeurs de v ou de $\dfrac{\partial v}{\partial x}$ sur γ on peut se servir de la méthode des images.

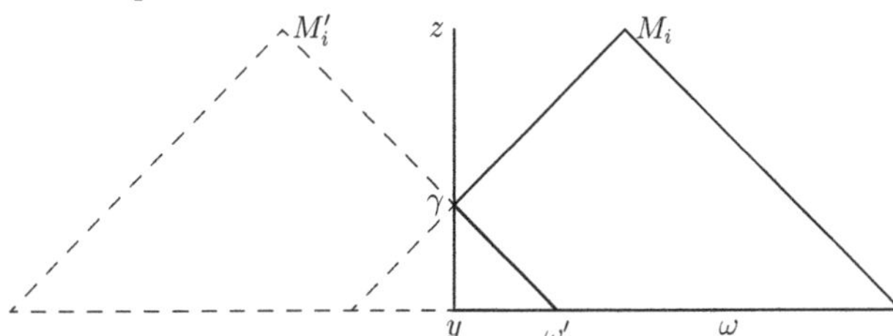

Soit M_i' l'image optique du point M_i réfléchi par le plan yz. Menons le cône caractéristique qui a pour sommet M_i'. Il découpera sur le plan yz le segment d'hyperbole γ et sur la partie du plan xy $(x > 0)$ un segment de cercle ω'. Si nous appliquons la formule (7), transformée convenablement, à l'ensemble des surfaces ω' et γ on trouvera

$$(18) \quad \left\{ \begin{aligned} 0 &= \frac{1}{2\pi} \frac{\partial}{\partial z_1} \int_{\omega'} \frac{1}{\sqrt{z_1^2 - \rho'^2}} v\, d\omega' + \frac{1}{2\pi} \int_{\omega'} \frac{1}{\sqrt{z_1^2 - \rho'^2}} \frac{\partial v}{\partial z}\, d\omega' \\ &\quad + \frac{1}{2\pi} \frac{\partial}{\partial z_1} \int_\gamma \frac{1}{\sqrt{(z_1 - z)^2 - \rho'^2}} \frac{z_1 - z}{\rho} \cos(n\rho) v\, d\gamma \\ &\quad - \frac{1}{2\pi} \int_\gamma \frac{1}{\sqrt{(z_1 - z)^2 - \rho^2}} \frac{\partial v}{\partial x}\, d\gamma \end{aligned} \right.$$

52

où

$$\rho'^2 = (x_1 + x)^2 + (y_1 - y)^2.$$

En ajoutant les deux formules (17) et (18) on élimine v dans l'intégrale étendue à γ, et par soustraction on élimine $\dfrac{\partial v}{\partial x}$. La méthode des images conduit donc bien aisément au résultat qu'on cherchait. Passons maintenant au cas des images successives. Admettons que la surface γ soit constituée par les segments d'hyperboles γ' et γ'' découpés par la nappe inférieure du cône ayant pour sommet M_i sur les demi-plans $x = 0$, $x = a$ $(a > 0)$ qui sont au-dessus du plan xy. Soit ω la partie de la bande du plan xy comprise entre les plans $x = 0$, $x = a$ et renfermée à l'intérieur du cône.

Dans ce cas la formule $(2')$ s'écrit

$$v(x_1\,y_1\,z_1) = \frac{1}{2\pi}\frac{\partial}{\partial z_1}\int_\omega \frac{1}{\sqrt{z_1^2 - \rho^2}}v\,d\omega + \frac{1}{2\pi}\int_\omega \frac{1}{\sqrt{z_1^2 - \rho^2}}\frac{\partial v}{\partial z}\,d\omega$$
$$-\frac{1}{2\pi}\frac{\partial}{\partial z_1}\int_{\gamma'} \frac{1}{\sqrt{(z_1 - z)^2 - \rho^2}}\frac{z_1 - z}{\rho}\cos(n\rho)v\,d\gamma' - \frac{1}{2\pi}\int_{\gamma'} \frac{1}{\sqrt{(z_1 - z)^2 - \rho^2}}\frac{\partial v}{\partial x}\,d\gamma'$$
$$-\frac{1}{2\pi}\frac{\partial}{\partial z_1}\int_{\gamma''} \frac{1}{\sqrt{(z_1 - z)^2 - \rho^2}}\frac{z_1 - z}{\rho}\cos(n\rho)v\,d\gamma'' + \frac{1}{2\pi}\int_{\gamma''} \frac{1}{\sqrt{(z_1 - z)^2 - \rho^2}}\frac{\partial v}{\partial x}\,d\gamma''.$$

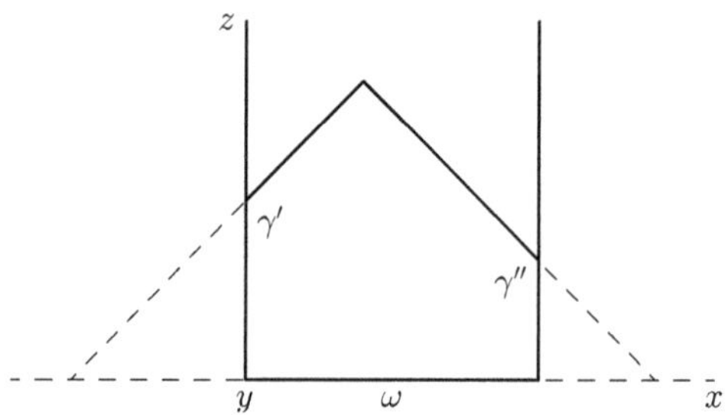

Dans cette formule les valeurs de v et de $\dfrac{\partial v}{\partial x}$ sur γ' et γ'' ne sont pas indépendantes, c'est pourquoi l'on peut tâcher d'employer la méthode des images pour éliminer les unes ou les autres.

A cet effet prenons les images de M_i par rapport aux plans γ' et γ'' et ensuite les images de ces images par rapport aux mêmes plans, et ainsi de suite indéfiniment. Le nombre des images qu'on obtient est évidemment infini, mais il est intéressant de remarquer qu'il n'est pas nécessaire de les employer toutes, car un nombre fini d'entre elles suffit pour la solution du problème. Menons les cônes caractéristiques dont les sommets sont les images que nous avons construites, et envisageons les nappes inférieures de ces cônes, c'est à dire celles qui sont dirigées du côté négatif de l'axe z. Tous les cônes dont les sommets ont une distance des plans γ' et γ'' supérieure à z, ne rencontrent ces plans qu'au-dessous du plan ω, c'est pourquoi il n'est pas nécessaire de les envisager. Il est clair donc qu'on pourra éliminer les valeurs de v et de $\dfrac{\partial v}{\partial x}$ sur γ' et γ'' en faisant usage seulement des images qui sont à une distance de ces plans inférieure à z_1. En employant donc dans ce cas la méthode des images, on ne trouvera pas des séries infinies, mais la solution du problème sera donnée par un nombre fini de termes.

Au lieu des trois plans ω, γ', γ'' on peut en avoir cinq, dont quatre sont perpendiculaires au plan xy, et le rencontrent en formant les côtés d'un rectangle. La solution s'obtient toujours de la même manière par un nombre fini de termes. Si v s'annule sur les quatre plans perpendiculaires à xy, on obtient une solution du problème bien connu des vibrations d'une membrane plane, fixée dans un cadre rectangulaire sans avoir besoin de recourir à des séries, mais par des intégrales définies.

16. On peut chercher à étendre les résultats que nous avons indiqués au cas des équations (1) à quatre, cinq etc. variables. Il suffit pour cela d'envisager des hyperespaces à $4, 5, \ldots$ dimensions. Les cônes caractéristiques ont $3, 4 \ldots$ dimensions. Au lieu des surfaces σ', σ'' il faut envisager des espaces à $3, 4 \ldots$ dimensions. Tout cela se conçoit très-bien. Mais si l'on passe de trois à quatre variables on arrive à un résultat inattendu, c'est à dire que les choses au lieu de se compliquer deviennent à un certain point de vue plus simples. En effet, on trouve des formules où la valeur de l'intégrale au sommet du cône dépend seulement des valeurs de la même fonction et de ses dérivées dans les intersections des cônes caractéristiques avec les espaces analogues aux surfaces σ' et σ''. Il n'y a pas deux formules des types (2) et (8), mais une seule formule.

En général, le cas de deux variables excepté, les choses se présentent d'une manière différente si l'on a un nombre pair ou si l'on a un nombre impair de variables, et le cas le plus simple est celui d'un nombre pair. Tout cela lorsque les équations ont une forme aussi simple que les équations (1). Si les équations avaient, par exemple, des termes de premier ordre la chose changerait.

17. Nous n'entrerons pas dans les détails sur ce sujet qui sont très-compliqués. Nous renvoyons pour cela aux travaux de M. Tedone, de M. Coulon, de M. d'Adhémar et de M. Hadamard. Je rapporterai seulement les formules qu'on a dans le cas de quatre variables et qui ont été données pour la première fois par Kirchhoff, qui en a déduit avec rigueur le principe de Huyghens.

Écrivons l'équation à quatre variables sous la forme

$$(19) \qquad \frac{\partial^2 v}{\partial t^2} = \frac{\partial^2 v}{\partial x^2} + \frac{\partial^2 v}{\partial y^2} + \frac{\partial^2 v}{\partial z^2}$$

54

et envisageons x, y, z comme les coordonnées des points de l'espace à 3 dimensions. t peut être envisagée comme une quatrième variable, qui dans les questions de la physique mathématique est le temps.

σ étant le contour de l'espace S à l'intérieur duquel se trouve un point M_1 de coordonnées x_1, y_1, z_1 on a

$$v(x_1, y_1, z_1, t) = \frac{1}{4\pi} \int_\sigma \left\{ \frac{\partial}{\partial n} \left(\frac{v(x, y, z, t - r)}{r} \right) - \frac{\delta}{\delta n} \left(\frac{v(x_1, y_1, z_1, t - r)}{r} \right) \right\} d\sigma$$

où $r = \sqrt{(x_1 - x)^2 + (y_1 - y)^2 + (z_1 - z)^2}$, n est la normale interne à la surface σ et les symboles $\dfrac{\partial f}{\partial n}$ et $\dfrac{\delta f}{\delta n}$ représentent par rapport à une fonction $f(x, y, z, r)$

$$\frac{\partial f}{\partial n} = \frac{\partial f}{\partial r} \frac{\partial r}{\partial n}, \quad \frac{\delta f}{\delta n} = \frac{\partial f}{\partial x} \frac{\partial x}{\partial n} + \frac{\partial f}{\partial y} \frac{\partial y}{\partial n} + \frac{\partial f}{\partial z} \frac{\partial z}{\partial n}$$

en regardant x, y, z, r comme des variables indépendantes. Si la surface σ se réduit à une sphère ayant pour centre le point M_1, la formule précédente se particularise et devient l'intégrale générale de l'équation (19) donnée par Poisson.

18. Le succès de la méthode de Kirchhoff est dû à l'emploi des méthodes de Green et à l'existence de l'intégrale

$$(20) \qquad\qquad\qquad \frac{f(r \pm t)}{r}$$

de l'équation (19), où f est une fonction arbitraire. Pour toutes les équations pour lesquelles existent des intégrales de la même nature, qui n'ont d'autres points singuliers que $r = 0$, on peut procéder par des méthodes analogues à celles de Kirchhoff.

Voyons si l'équation à trois variables qu'on peut écrire

$$\frac{\partial^2 v}{\partial t^2} = \frac{\partial^2 v}{\partial x^2} + \frac{\partial^2 v}{\partial y^2}$$

possède une intégrale de la forme précédente, c'est à dire de la forme $\vartheta f(\rho \pm t)$ où ϑ est une quantité indépendante de t,

$$\rho = \sqrt{(x_1 - x)^2 + (y_1 - y)^2}$$

et f est une fonction arbitraire. En posant

$$x_1 - x = \rho \cos \alpha, \quad y_1 - y = \rho \sin \alpha$$

on trouve l'intégrale

$$(21) \qquad \frac{A \sin \frac{1}{2}\alpha + B \cos \frac{1}{2}\alpha}{\sqrt{r}} \, f(\rho \pm t).$$

Il paraît donc tout naturel que, même dans ce cas, on puisse employer cette intégrale en suivant les méthodes de Kirchhoff. Mais il est facile de se persuader que l'intégrale précédente est polydrome. Or les méthodes de Kirchhoff étant fondées sur celles de Green, c'est à dire sur le théorème de Gauss, dont nous avons parlé dans la deuxième leçon, on ne peut pas les employer dans ce cas.

Il faut donc recourir à d'autres méthodes ou à d'autres intégrales dans le cas de l'équation à trois variables, et cela explique pourquoi les résultats étaient plus simples et aussi plus faciles à trouver dans le cas de quatre variables que dans celui de trois variables. C'est pourquoi le cas de 4 variables a été le premier à être résolu après celui tout à fait élémentaire de deux variables. Nous voyons quel rôle joue la polydromie des intégrales dans le cas des équations à caractéristiques réelles par l'exemple très simple que nous avons envisagé.

19. Weierstrass a découvert une méthode pour donner l'intégrale générale des équations et des systèmes d'équations aux dérivées partielles à coefficients constants. Cette méthode a paru maintenant dans les œuvres de Weierstrass; mais dès l'année 1881 il l'avait communiquée à Mme Kowalewski qui chercha à l'employer pour intégrer les équations des vibrations de la lumière dans les milieux biréfringents.

Supposons que

$$(22) \qquad \vartheta(u, v, w) = t$$

soit l'équation d'une surface fermée telle que toute droite qui part de l'origine ne la rencontre que dans un seul point, et supposons qu'on ait

$$\vartheta(Kx, Ky, Kz) = K\vartheta(x, y, z).$$

Par

$$\int f(u, v, w)\, d\omega$$

représentons une intégrale étendue à l'espace renfermé entre deux surfaces (22) correspondantes aux valeurs t_0 et t de t, dont la première est constante.

Les formules fondamentales découvertes par Weierstrass sont les suivantes. Si

$$(23) \qquad F(x, y, z, t) = D_t \int \varphi(u, v, w) f(x + u, y + v, z + w)\, d\omega$$

56

on a

$$(24) \quad \begin{cases} D_x F = D_t^2 \int \varphi \dfrac{\partial \vartheta}{\partial u} f(x+u, y+v, z+w)\, d\omega - D_t \int \dfrac{\partial \varphi}{\partial u} f(x+u, y+v, z+w)\, d\omega \\[2ex] D_y F = D_t^2 \int \varphi \dfrac{\partial \vartheta}{\partial v} f(x+u, y+v, z+w)\, d\omega - D_t \int \dfrac{\partial \varphi}{\partial v} f(x+u, y+v, z+w)\, d\omega \\[2ex] D_z F = D_t^2 \int \varphi \dfrac{\partial \vartheta}{\partial w} f(x+u, y+v, z+w)\, d\omega - D_t \int \dfrac{\partial \varphi}{\partial w} f(x+u, y+v, z+w)\, d\omega \\[2ex] D_t F = D_t^2 \int \varphi f(x+u, y+v, z+w)\, d\omega \end{cases}$$

où D_α est le symbole de dérivation par rapport à α. On calcule de même les dérivées successives de F, et l'on tâche de prendre ϑ et φ de manière que les dérivées d'un certain ordre vérifient une relation linéaire à coefficients constants. On trouve alors une intégrale de l'équation ayant la forme (23) avec la fonction arbitraire f. De là on passe à l'intégrale générale. La méthode est analogue dans le cas des systèmes d'équations différentielles.

Or envisageons la fonction

$$\psi(u, v, w, t) = \varphi(u, v, w)\Phi(t - \vartheta)$$

où Φ est une fonction arbitraire. On aura les formules suivantes

$$(24') \quad \begin{cases} \dfrac{\partial \psi}{\partial u} = -\varphi \dfrac{\partial \vartheta}{\partial u}\,\Phi'(t-\vartheta) + \dfrac{\partial \varphi}{\partial u}\,\Phi(t-\vartheta) \\[2ex] \dfrac{\partial \psi}{\partial v} = -\varphi \dfrac{\partial \vartheta}{\partial v}\,\Phi'(t-\vartheta) + \dfrac{\partial \varphi}{\partial v}\,\Phi(t-\vartheta) \\[2ex] \dfrac{\partial \psi}{\partial w} = -\varphi \dfrac{\partial \vartheta}{\partial w}\,\Phi'(t-\vartheta) + \dfrac{\partial \varphi}{\partial w}\,\Phi(t-\vartheta) \\[2ex] \dfrac{\partial \psi}{\partial t} = \varphi\Phi'(t-\vartheta). \end{cases}$$

Comparons les trois premières équations (24) et les trois premières équations (24'). Les coefficients de f sous les intégrales des égalités (24) sont égaux et de signe contraire aux coefficients de Φ et Φ' dans les égalités (24'). On ne trouve pas de changement de signe en comparant la dernière des équations (24) avec la dernière des équations (24').

On en déduit bien aisément la propriété suivante. Posons

$$\frac{\partial^n \psi}{\partial u^{h_1}\, \partial v^{h_2}\, \partial w^{h_3}\, \partial t^{h_4}} = \psi_{h_1 h_2 h_3 h_4}, \qquad \frac{\partial^n F}{\partial x^{h_1}\, \partial y^{h_2}\, \partial z^{h_3}\, \partial t^{h_4}} = F_{h_1 h_2 h_3 h_4}$$

où $n = h_1 + h_2 + h_3 + h_4$, on aura

$$F_{h_1 h_2 h_3 h_4} = D_t^{n+1} \int P_n f(x+u, y+v, z+w)\, d\omega + D_t^n \int P_{n-1} f(x+u, y+v, z+w)\, d\omega$$

$$+ \cdots + D_t^{h_4+1} \int P_{h_4} f(x+u, y+v, z+w)\, d\omega.$$

$$\psi_{h_1 h_2 h_3 h_4} = (-1)^{n-h_4}\{P_n \Phi^{(n)}(t-\vartheta) + P_{n-1}\Phi^{(n-1)}(t-\vartheta) + \cdots + P_{h_4}\Phi^{(h_4)}(t-\vartheta)\}$$

et par suite si l'équation différentielle à coefficients constants

$$(25) \qquad \sum A_{h_1 h_2 h_3 h_4} \frac{\partial^n V}{\partial x^{h_1}\, \partial y^{h_2}\, \partial z^{h_3}\, \partial t^{h_4}} = 0$$

possède une intégrale

$$(26) \qquad F(x\,y\,z\,t) = D_t \int \varphi(u, v, w)\, f(x+u, y+v, z+w)\, d\omega$$

f étant une fonction arbitraire, l'équation

$$(25') \qquad \sum (-1)^{n-h_4} A_{h_1 h_2 h_3 h_4} \frac{\partial^n V}{\partial u^{h_1}\, \partial v^{h_2}\, \partial w^{h_3}\, \partial t^{h_4}} = 0$$

aura l'intégrale

$$(26') \qquad \psi(u\,v\,w\,t) = \varphi(u\,v\,w)\, \Phi(t-\vartheta)$$

où Φ est une fonction arbitraire. Réciproquement si l'équation (25') possède l'intégrale (26'), Φ étant une fonction arbitraire, l'équation (25) aura l'intégrale (26).

L'intégrale (26') a la forme de l'intégrale (20), c'est pourquoi en comptant sur les singularités de φ pour $u = v = w = 0$, on peut passer de la méthode de Weierstrass à celle de Kirchhoff, c'est à dire des intégrales générales du type Poisson à des formules qui les comprennent.

Le même résultat peut s'établir pour les systèmes d'équations différentielles.

Je possédais en 1892 ce théorème lorsque j'étudiais le mémoire de Mme Kowalewski sur la propagation de la lumière dans les cristaux. Puisqu'elle avait cru obtenir par la méthode de Weierstrass les intégrales générales des équations de l'optique, je croyais posséder la méthode pour parvenir aux formules analogues à celles de Kirchhoff et pour pouvoir établir le principe de Huyghens pour les milieux biréfringents. Mais l'emploi de la méthode conduisait à des résultats paradoxaux. D'où provenaient-ils ? En voici la raison. Les fonctions qui dans ce cas remplacent φ dans les formules sont des fonctions polydromes du même genre que la fonction polydrome que nous avons trouvée dans le § 18. Il n'était pas facile de s'en apercevoir, car ces fonctions sont très compliquées, et elles avaient été étudiées depuis Lamé sans que cette propriété ressortît. C'est pourquoi ni la méthode de Weierstrass ni celle de Kirchhoff n'étaient applicables et les formules de Mme Kowalewski ne donnaient pas les intégrales de l'optique. Voilà encore une fois que le rôle des fonctions polydromes ressort dans cette question d'analyse et de physique mathématique.

Bibliographie.

KIRCHHOFF.   Zur Theorie der Lichtstrahlen (Sitzb. d. Ak. d. Wiss., Berlin 1882).

KOWALEWSKI.   Ueber die Brechung des Lichtes in cristallinischen Mitteln. Acta Math. 1885.

WEIERSTRASS.   Werke. Bd. I.

VOLTERRA.   Sul principio di Huyghens. Nuovo Cimento 1893.

——.   Sulle onde cilindriche dei mezzi isotropi. Rend. Acc. Lincei 1892.

——.   Sulle vibrazioni luminose nei mezzi isotropi. Ibid.

——.   Sulle vibrazioni dei corpi elastici. Ibid. 1893.

——.   Sulle integrazioni delle equazioni differenziali del moto di un corpo elastico isotropo. Ibid. 1893.

——.   Sur les vibrations dans les milieux biréfringents. Acta Math. 1892.

——.   Sur les vibrations des corps élastiques isotropes. Ibid. 1894.

——.   Sur les équations aux dérivées partielles. IIe congrès des mathématiciens 1900.

——.   Note on the application of the method of images to problems of vibrations. London Math. Soc. 1904.

TEDONE.   Sulla dimostr. della formola che rappresenta analiticamente il principio di Huyghens. Rend. Acc. Lincei 1896.

——.   Sulle vibrazioni dei corpi elastici. Ibid.

——.   Sull' int. dell'equazione $\dfrac{\partial\varphi}{\partial x^2} - \sum_1^m \dfrac{\partial\varphi}{\partial x_i^2} = 0$. Annali di Mat. 1898.

——.   Su di un sistema generale di equazioni che si può integrare col metodo delle caratteristiche. Ibid.

COULON.   Sur l'intégration des équations aux dérivées partielles du second ordre par la méthode des caractéristiques. Thèse 1902.

D'ADHÉMAR.   Sur une classe d'équations aux dérivées partielles du second ordre, du type hyperbolique à 3 ou 4 variables indépendantes. Thèse 1904.

HADAMARD.   Leçons sur la propagation des ondes et les équations de l'hydrodynamique. Paris 1903.

——.   Recherches sur les solutions fondamentales et l'intégration des équations linéaires aux dérivées partielles. Ann. de l'École normale de Paris 1903–1905.

$10^{\text{ième}}$ leçon.

1. Nous avons jusqu'à présent examiné quelques équations du type elliptique et du type hyperbolique. Nous parvenons maintenant aux équations du type parabolique.

L'équation de la propagation de la chaleur appartient à ce type. Fourier, Poisson, Laplace, pour ne citer que les plus anciens, ont consacré de profondes études à cette équation. Tout le monde sait que les méthodes introduites par Fourier sont devenues classiques et ont formé le point de départ, la base et le modèle de bien des recherches de l'analyse et de la physique mathématique.

Plus récemment on a introduit dans la théorie de la propagation de la chaleur des méthodes qui se rattachent à celles de Green. Betti a consacré un très beau mémoire à cette étude, sans cependant recourir à la notion des caractéristiques. Appell et Boussinesq ont profondément examiné par des concepts plus modernes encore, bien des questions qui s'y rapportent.

Mais à mon avis pour les équations du type parabolique on n'est pas si avancé que pour les équations des autres types que nous avons examinées dans les leçons précédentes.

2. Nous allons envisager l'équation la plus simple possible

$$(1) \qquad \frac{\partial u}{\partial t} = \frac{\partial^2 u}{\partial z^2}.$$

Le rôle des deux variables t et z est très-différent, ce qu'on comprend dès le premier abord, car l'équation différentielle est de premier ordre par rapport à t et de deuxième ordre par rapport à z.

Poisson a bien mis en lumière ce fait par un résultat sur lequel il a insisté beaucoup en y revenant plusieurs fois dans ses différents ouvrages.

Nous allons l'exposer en empruntant à peu près les termes de son livre sur la théorie mathématique de la chaleur.

Si nous essayons de développer u dans une série de puissances de $t - h$, h étant une quantité constante, nous trouvons, en calculant de proche en proche les coefficients,

$$(2) \qquad u = \varphi(z) + (t - h)\frac{d^2\varphi}{dz^2} + \frac{1}{2}(t - h)^2\frac{d^4\varphi}{dz^4} + \cdots + \frac{1}{n!}(t - h)^n\frac{d^{2n}\varphi}{dz^{2n}} + \cdots$$

où φ représente une fonction arbitraire. Si l'on fait $t = h$, on a

$$u = \varphi(z).$$

60

$\varphi(z)$ est donc la fonction à laquelle se réduit u pour $t = h$. Au contraire si nous développons u par les puissances de $z - k$, on trouvera par la même méthode

$$
(3) \quad
\begin{cases}
u = \psi(t) + \dfrac{(z-k)^2}{2!}\dfrac{d\psi}{dt} + \dfrac{(z-k)^4}{4!}\dfrac{d^2\psi}{dt^2} + \cdots + \dfrac{(z-k)^{2n}}{(2n)!}\dfrac{d^n\psi}{dt^n} + \cdots \\[2ex]
\qquad + (z-k)\Psi(t) + \dfrac{(z-k)^3}{3!}\dfrac{d\Psi}{dt} + \cdots + \dfrac{(z-k)^{2n+1}}{(2n+1)!}\dfrac{d^n\Psi}{dt^n} + \cdots
\end{cases}
$$

où $\psi(t)$ et $\Psi(t)$ sont des fonctions arbitraires.

En faisant $z = k$ on trouve

$$
u = \psi(t), \quad \frac{\partial u}{\partial t} = \Psi(t);
$$

donc $\psi(t)$ et $\Psi(t)$ représentent les valeurs de u et $\dfrac{\partial u}{\partial t}$ pour $z = k$.

Or il est facile de prouver que la même intégrale peut se mettre sous la forme (2) ou la forme (3). Il suffit pour cela de développer $\varphi(z)$ dans une série de puissances de $z - k$ et $\psi(t)$ et $\Psi(t)$ en des séries de puissances de $t - h$.

En posant

$$
\varphi(z) = a_0 + a_1(z-k) + \frac{a_2}{1\cdot 2}(z-k)^2 + \cdots + \frac{a_n}{n!}(z-k)^n + \cdots
$$

on trouvera en comparant les coefficients dans les formules (2) et (3)

$$
\psi(t) = a_0 + a_2(t-h) + \frac{a_4}{2!}(t-h)^2 + \cdots + \frac{a_{2n}}{n!}(t-h)^n + \cdots
$$
$$
\Psi(t) = a_1 + a_3(t-h) + \frac{a_5}{2!}(t-h)^2 + \cdots + \frac{a_{2n+1}}{n!}(t-h)^n + \cdots .
$$

On voit donc que la même intégrale peut s'écrire avec une ou avec deux fonctions arbitraires de deux manières complètement équivalentes.

Poisson a ensuite transformé les deux intégrales en les exprimant par des intégrales définies. Il écrit l'intégrale (2) sous la forme

$$
(2') \qquad u(z,t) = \frac{1}{2\sqrt{\pi}} \int \varphi(\xi) \frac{e^{-\dfrac{(\xi-z)^2}{4(t-h)}}}{\sqrt{t-h}}\, d\xi
$$

et l'intégrale (3) sous la forme

$$
(3') \qquad u(z,t) = \gamma \int_{-\infty}^{\infty} \psi\left(t + \frac{(z-k)^2}{4(c+i\xi)}\right) \frac{e^{i\xi}\, d\xi}{\sqrt{c+i\xi}}
$$
$$
+ \frac{1}{2}\gamma(z-k) \int_{-\infty}^{\infty} \Psi\left(t + \frac{(z-k)^2}{4(c+i\xi)}\right) \frac{e^{i\xi}\, d\xi}{\sqrt{(c+i\xi)^3}} ,
$$

où

$$\frac{1}{\gamma} = \int_{-\infty}^{\infty} \frac{e^{i\xi}\,d\xi}{\sqrt{c+i\xi}}\,,$$

c étant une constante réelle qui n'est pas nulle.

Après Poisson, Schlaefli est revenu là dessus en exprimant les mêmes intégrales sous des formes différentes dans un très beau mémoire inséré dans le T. 72 du Journal de Crelle.

3. Cela posé voyons ce qu'on peut tirer des méthodes qui ont été les plus puissantes dans le cas des équations que nous avons envisagées dans les leçons précédentes. Il est évident que ces méthodes sont celles de Green, mais où l'on introduit la notion des caractéristiques par les méthodes de Riemann.

Il n'y a pas de difficultés à procéder par une voie tout à fait analogue dans notre cas.

On peut évidemment commencer par envisager une équation plus générale que l'équation (1), c'est à dire

$$(1') \qquad \frac{\partial^2 u}{\partial z^2} - \frac{\partial u}{\partial t} = f(z,t).$$

Les caractéristiques de l'équation (1') sont des lignes parallèles à l'axe z (voir la leçon 8ième § 5).

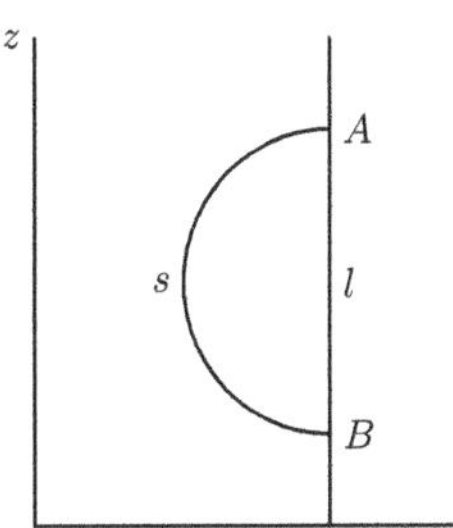

Prenons la direction de l'axe t de la gauche à la droite. Alors chaque caractéristique partage le plan en deux domaines qu'on peut appeler le domaine de gauche et celui de droite.

Il est facile de démontrer le théorème :

Soit s une courbe ouverte dont les deux bouts A, B se trouvent sur une caractéristique, et qui renferme avec cette caractéristique une aire σ située à gauche de celle-ci. Si nous connaissons u sur s et $f(z,t)$ à l'intérieur de l'aire σ, u sera déterminée dans tous les points de σ.

La démonstration est très-simple et du même type des démonstrations des théorèmes analogues qu'on a dans les autres théories. En effet, si u_1 et u_2 sont des fonctions qui vérifient l'équation (1') et qui prennent les mêmes valeurs sur s, on calcule leur différence $u_3 = u_1 - u_2$ qui vérifiera l'équation (1) et qui sera nulle sur s.

Par les transformations bien connues des intégrales on tire de là que

$$0 = \int_{\sigma} u_3 \left(\frac{\partial^2 u_3}{\partial z^2} - \frac{\partial u_3}{\partial t} \right) d\sigma = -\frac{1}{2} \int_{l} u_3^2 \, dl - \int_{\sigma} \left(\frac{\partial u_3}{\partial z} \right)^2 d\sigma$$

62

où l est la partie de la caractéristique comprise entre les points A, B.

C'est pourquoi u_3 sera nulle dans l'aire σ et par suite $u_1 = u_2$. Donc il n'y a pas deux fonctions différentes qui satisfont aux conditions que nous avons posées, et on a par là la démonstration du théorème que nous avons énoncé.

Il faut maintenant remarquer que les raisonnements que nous venons de faire ne pourraient pas être répétés si l'on supposait que la courbe s était à droite de la ligne caractéristique, et par suite il n'y a pas une symétrie des propriétés des intégrales de l'équation différentielle des deux côtés de chaque caractéristique, comme d'autre part il était facile de prévoir.

4. On peut donner une formule tout à fait analogue à la formule de Green en envisageant avec l'équation (1′) son adjointe

$$(4) \qquad \frac{\partial^2 v}{\partial z^2} + \frac{\partial v}{\partial t} = g(z, t).$$

Alors on trouve

$$(5) \qquad -\int_\sigma (vf - ug)\, d\sigma = \int_s \left[\left(v\frac{\partial u}{\partial z} - u\frac{\partial v}{\partial z} \right) \cos nz - uv \cos nt \right] ds + \int_l uv\, dl,$$

n étant la normale à la ligne s dirigée vers l'intérieur de σ.

Or la fonction qui joue le rôle principal dans cette théorie est, comme il est bien connu, l'intégrale suivante de l'équation (4) où l'on suppose $g = 0$

$$v = \frac{1}{2\sqrt{\pi}\sqrt{t_1 - t}} e^{-\frac{(z - z_1)^2}{4(t_1 - t)}},$$

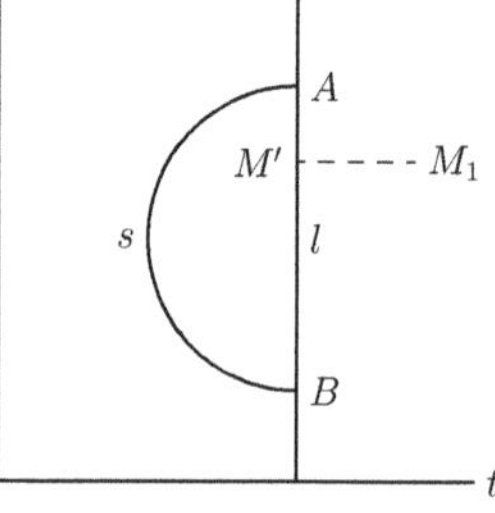

$t_1 > t$ et z_1 étant des valeurs constantes. Le radical est supposé positif. Prenons le point M_1 de coordonnées $t_1\, z_1$ à droite de la caractéristique l. Remplaçons cette valeur de v dans l'équation où l'on suppose $g = 0$, puis faisons approcher M_1 de la ligne caractéristique.

A ce point il faut rappeler un théorème bien connu d'analyse. $F(z)$ étant une fonction continue et finie et $z'' > z'$ on a

$$(I) \qquad \lim_{t_1 = t} \int_{z'}^{z''} \frac{1}{\sqrt{t_1 - t}} e^{-\frac{(z - z_1)^2}{4(t_1 - t)}} F(z)\, dz = \begin{cases} F(z_1) 2\sqrt{\pi} \\ 0 \end{cases}.$$

Il faut prendre le second membre égal à $2\sqrt{\pi}F(z_1)$ si z_1 est comprise entre z' et z'', et il faut le prendre égal 0 si z_1 n'est pas comprise entre les valeurs z' et z''.

On suppose que le radical qui paraît sous l'intégrale soit positif. S'il était négatif le second membre changerait de signe.

Deux cas pourront donc se présenter. Si le point M_1 s'approche d'un point M' compris entre A et B on aura

$$\lim \int_l uv\, dl$$

égale à la valeur de la fonction u dans le point M'. Si au contraire il s'approche d'un point M'' qui n'est pas compris entre A et B la même limite est nulle.

On tire de là les deux formules suivantes

$$-\frac{1}{2\sqrt{\pi}} \int_s \frac{e^{-\dfrac{(z_1-z)^2}{4(t_1-t)}}}{\sqrt{t_1-t}} \left\{ \left[\frac{\partial u}{\partial z} - u\frac{z_1-z}{2(t_1-t)} \right] \cos nz - u\cos nt \right\} ds$$

$$(6)$$
$$(6')\qquad -\frac{1}{2\sqrt{\pi}} \int_\sigma \frac{e^{-\dfrac{(z_1-z)^2}{4(t_1-t)}}}{\sqrt{t_1-t}} f\, d\sigma = \left\{ \begin{array}{c} u(z_1\, t_1) \\[2mm] 0 \end{array} \right\}$$

où $t = t_1$ est l'équation de la caractéristique l. Le premier cas se présente lorsque le point $z_1\, t_1$ est compris entre A et B et le second cas lorsqu'il est externe.

Dans cette formule, comme dans toutes les formules analogues que l'on trouve par les procédés de Green (Cf. le § 3 de la 8ième leçon), la valeur de l'intégrale au point $z_1\, t_1$ est donnée par les valeurs de l'intégrale même et de ses dérivées sur la ligne s. Or, comme nous avons vu (§ 3), il est nécessaire de connaître les seules valeurs de u sur l pour la déterminer dans σ, c'est pourquoi il y a dans la formule précédente la quantité $\dfrac{\partial u}{\partial z}$ qu'il faut éliminer. Elle s'élimine d'elle-même sur toute partie CD de la ligne s qui est un segment de droite parallèle à l'axe z, car sur CD on a $\cos nz = 0$. Ainsi, si les points A, B s'éloignent indéfiniment dans la direction positive et négative de z de manière que la ligne s devienne la parallèle $t = h$ à l'axe z, la quantité $\dfrac{\partial u}{\partial z}$ est complètement éliminée.

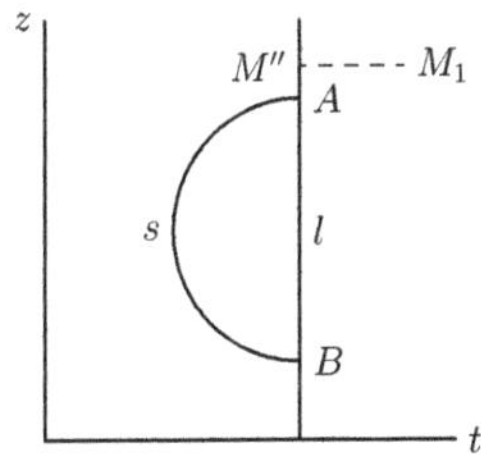

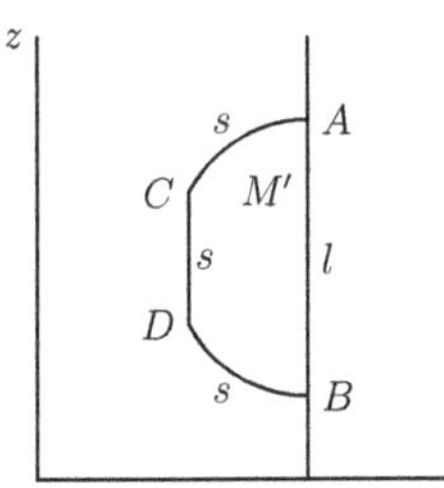

Alors si nous posons dans la formule (6) $f = 0$ elle devient la formule (2′) de Poisson. En effet elle exprime la valeur de u par les valeurs de cette intégrale pour $t = h$.

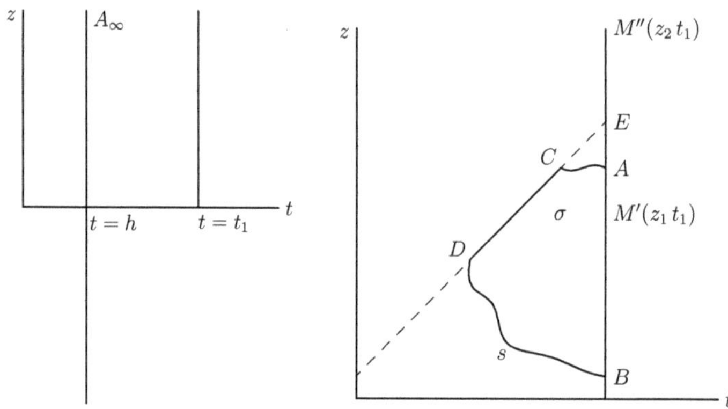

5. Les valeurs de $\dfrac{\partial u}{\partial z}$ sur s peuvent s'éliminer aussi en d'autres cas. Nous allons démontrer qu'elles peuvent s'éliminer sur toute partie CD de s qui est un segment de ligne droite telle que toute l'aire σ est située d'un côté de cette droite. Prenons en effet le point M'' symétrique du point M' par rapport au point E. M' étant interne au segment AB, M'' sera externe. C'est pourquoi, si $z_1\,t_1$ sont les coordonnées de M' et $z_2\,t_1$ celles de M'', en remplaçant dans la formule (6) z_1 par z_2 on passe à la formule (6′).

Le premier membre peut se décomposer en deux parties, l'intégrale qui est étendue à CD et toute la partie résiduelle. En appelant I cette dernière, on aura

$$I' - \frac{1}{2\sqrt{\pi}} \int_{CD} \frac{e^{-\frac{(z_1 - z)^2}{4(t_1 - t)}}}{\sqrt{t_1 - t}} \left\{ \left[\frac{\partial u}{\partial z} - u\frac{z_1 - z}{2(t_1 - t)} \right] \cos nz - u \cos nt \right\} ds = u(z_1\,t_1)$$

$$I'' - \frac{1}{2\sqrt{\pi}} \int_{CD} \frac{e^{-\frac{(z_2 - z)^2}{4(t_1 - t)}}}{\sqrt{t_1 - t}} \left\{ \left[\frac{\partial u}{\partial z} - u\frac{z_2 - z}{2(t_1 - t)} \right] \cos nz - u \cos nt \right\} ds = 0$$

où I' et I'' sont les valeurs de I si l'on se rapporte respectivement aux points M' et M''. Ajoutons la première équation à la seconde après avoir multiplié celle-ci par une quantité constante $-e^c$. Le second membre sera $u(z_1\,t_1)$ et dans le premier membre le coefficient de $\dfrac{\partial u}{\partial z}$ sous l'intégrale deviendra

$$\left(e^{-\frac{(z_1-z)^2}{4(t_1-t)}} - e^{-\frac{(z_2-z)^2}{4(t_1-t)}+c}\right)\frac{\cos nz}{\sqrt{t_1-t}}\,ds.$$

Pour éliminer $\dfrac{\partial u}{\partial z}$ le long de l'intégrale étendue à CD il suffit d'annuler ce coefficient. Posons donc

$$\frac{(z_1-z)^2}{4(t_1-t)} = \frac{(z_2-z)^2}{4(t_1-t)} - c.$$

On tire de là en appelant z_e la coordonnée du point E et h la longueur $M'M''$

$$\frac{z_e-z}{t_1-t} = \frac{2c}{h}.$$

Mais la droite CD passe par le point E; c'est pourquoi son équation est

$$\frac{z_e-z}{t_1-t} = \alpha,$$

α étant une quantité constante.

Il suffit donc de prendre

$$c = \frac{h\alpha}{2}$$

pour faire l'élimination de $\dfrac{\partial u}{\partial z}$.

La méthode qu'on a suivie est bien une méthode des images, car on peut appeler le point M'' l'image du point M' par rapport au point E.

Si la ligne s est formée de plusieurs droites on peut appliquer dans certains cas le principe des images successives pour éliminer $\dfrac{\partial u}{\partial z}$ sur toute la ligne s.

Soit s formée par trois droites AC, CD, DB dont CD est parallèle à z, alors la méthode peut servir pour tout point M' d'une manière très simple. L'on trouve dans ce cas un nombre infini d'images.

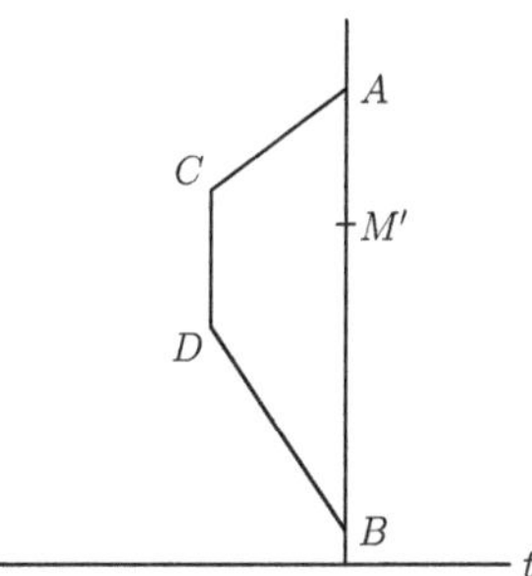

6. Ce que nous avons exposé jusqu'ici nous prouve qu'une méthode tout à fait analogue à celle qu'on emploie dans le cas des équations du type hyperbolique

peut être aussi employée dans celui des équations du type parabolique, en tenant compte des lignes caractéristiques.

Cependant nous pouvons bien facilement nous convaincre que par cette méthode on n'épuise pas les propriétés les plus importantes de l'équation $(1')$, et que la méthode même est impuissante à nous en dévoiler les plus cachées.

En effet nous avons montré dès le $2^{\text{ième}}$ § le résultat obtenu par Poisson, c'est à dire que l'intégrale générale de l'équation (1) peut s'exprimer par une fonction arbitraire ou par deux fonctions arbitraires. Or la formule (6) peut nous conduire à l'intégrale (2), comme nous avons déjà vu, mais elle ne nous amène pas à l'intégrale (3). Même en tâchant de faire coïncider la ligne s avec l'axe des z on n'arrive pas à cette formule.

On serait conduit à cette conclusion, que les équations du type parabolique n'offrent pas de prise aux méthodes modernes d'une manière complète, et que par exemple les anciennes méthodes de Poisson nous disent davantage. Il semble donc que les méthodes modernes peuvent nous donner l'explication d'un grand nombre de faits, mais tous les faits connus semblent ne pas ressortir d'elles.

Malgré cela nous allons voir que cette impuissance n'est qu'apparente et que nous pouvons réunir dans un ensemble unique tous les faits et par une seule formule embrasser toutes les formules connues. Pour rejoindre le but il n'y a qu'à aborder les nouvelles méthodes avec une conception nouvelle, c'est à dire en les étendant aux variables complexes, ce qu'on n'avait pas fait jusqu'à présent. L'équation $(1')$ se prête avec beaucoup de facilité à cette généralisation, car elle n'a que deux variables z et t, et si nous posons $t = x + iy$ en regardant x, y, z comme les coordonnées des points de l'espace, on pourra se servir des images géométriques dans un domaine à trois dimensions.

Envisageons une fois encore la fonction qui joue le rôle principal dans ces recherches, c'est à dire

$$
(7) \qquad \frac{e^{-\dfrac{(z_1 - z)^2}{4(t_1 - t)}}}{\sqrt{t_1 - t}}.
$$

Nous verrons dans la leçon suivante que c'est la polydromie de cette fonction qui a l'importance la plus grande dans tous les résultats que nous allons obtenir. Cette fonction est en effet polydrome par rapport à la variable t. Or cette polydromie ne peut pas ressortir si on n'envisage pas t comme une variable complexe. C'est pourquoi toute la théorie que nous avons développée qui était bâtie en dehors de cette propriété était justement incomplète.

11ième leçon.

7. La première question qui se pose est de voir si l'on peut étendre dans les intégrales de l'équation (1′) la variabilité de t, c'est à dire si l'on peut la regarder comme un nombre complexe. A cet effet considérons les intégrales de l'équation (1) qui est plus simple que l'autre. Il est facile de démontrer, et d'autre part la chose est connue, qu'elles ne sont pas en général des fonctions analytiques de t.

Pour s'en persuader d'une manière tout à fait élémentaire prenons la fonction

$$u(z,t) = z \int_0^t \varphi(\xi) e^{-\frac{z^2}{4(t-\xi)}} (t-\xi)^{-\frac{3}{2}} d\xi$$

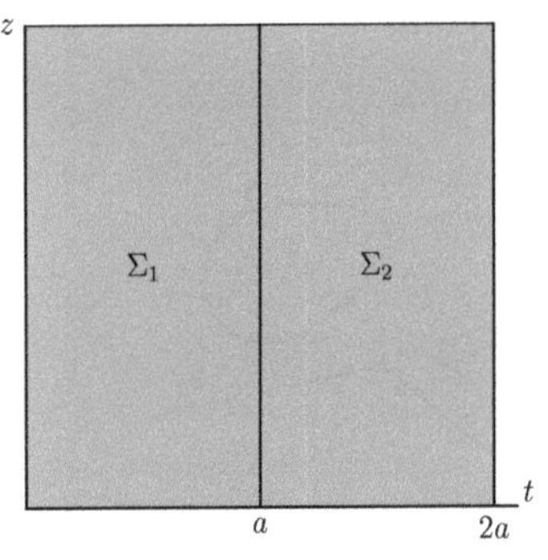

où $\varphi(\xi)$ est une fonction finie et intégrable. Si $\varphi(\xi)$ est définie dans le domaine $(0\,a)$ on voit aisément que $u(z,t)$ est définie pour toutes les valeurs positives de z à l'intérieur de la bande Σ_1 limitée par l'axe t, l'axe z et la droite $t = a$.

On vérifie qu'à l'intérieur de ce domaine $u(z,t)$ est une fonction continue, que les dérivées $\dfrac{\partial^2 u}{\partial z^2}$ et $\dfrac{\partial u}{\partial t}$ sont déterminées et que l'on a

$$(1) \qquad \frac{\partial^2 u}{\partial z^2} = \frac{\partial u}{\partial t}.$$

Cela posé, si nous prolongeons $\varphi(\xi)$ entre a et $2a$, alors $u(z,t)$ pourra se prolonger à l'intérieur de la bande Σ_2 comprise entre l'axe t et les droites $t = a$, $t = 2a$.

Dans le domaine formé par l'ensemble des points internes aux bandes Σ_1 et Σ_2 $u(z,t)$ sera continue et vérifiera l'équation (1). Mais puisque le prolongement de $\varphi(\xi)$ peut se faire avec la seule condition qu'elle soit finie et intégrable et que d'autre part elle est tout à fait arbitraire, il s'en suit que les valeurs de u en Σ_2 pourront être changées, celles en Σ_1 restant toujours les mêmes.

Si par exemple nous prenons d'abord $\varphi(\xi) = 0$ dans l'intervalle $(a, 2a)$ et après $\varphi(\xi) = 1$, les valeurs de $u(z,t)$ en Σ_2 seront changées. Cela prouve que $u(z,t)$ n'est pas en général une fonction analytique de t.

8. Il faudra donc poser comme une condition nouvelle que l'intégrale de l'équation (1) soit une fonction analytique de t, et de même si nous envisageons

68

l'équation (1'), il faudra poser deux conditions, c'est à dire que f et u soient des fonctions analytiques de $t = x + iy$.

Supposons aussi, en ayant égard à l'équation adjointe (4), que g et v soient des fonctions analytiques de $t = x + iy$.

Nous écrirons alors

$$u(z,t) = u(x,y,z) \qquad f(z,t) = f(x,y,z)$$
$$v(z,t) = v(x,y,z) \qquad g(z,t) = g(x,y,z)$$

et l'on regardera x, y, z comme les coordonnées des points de l'espace. Il est évident que u, v, f, g seront en général des quantités complexes et on aura

$$(8) \qquad \frac{\partial u}{\partial t} = \frac{\partial u}{\partial x} = -i\frac{\partial u}{\partial y}, \quad \frac{\partial v}{\partial t} = \frac{\partial v}{\partial x} = -i\frac{\partial v}{\partial y}.$$

Posons

$$X = v\frac{\partial u}{\partial z} - u\frac{\partial v}{\partial z}, \quad Y = i\left(v\frac{\partial u}{\partial z} - u\frac{\partial v}{\partial z}\right), \quad Z = uv$$

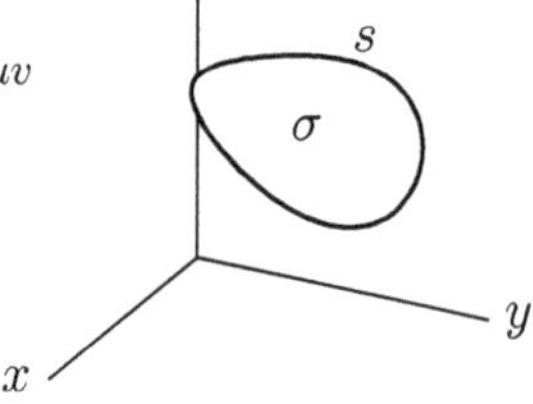

et, en prenant une surface σ ayant deux faces distinctes et pour contour la ligne s, appliquons le théorème de Stokes ($2^{\text{ième}}$ leçon § 2) en supposant que toutes les quantités précédentes soient finies, continues et monodromes sur la surface σ.

On aura

$$(9) \quad \left\{ \begin{aligned} &\int_\sigma \left\{ \left(\frac{\partial Z}{\partial y} - \frac{\partial Y}{\partial z}\right)\cos nx + \left(\frac{\partial X}{\partial z} - \frac{\partial Z}{\partial x}\right)\cos ny + \left(\frac{\partial Y}{\partial x} - \frac{\partial X}{\partial y}\right)\cos nz \right\} d\sigma \\ &= \int_s (X\,dx + Y\,dy + Z\,dz). \end{aligned} \right.$$

Or on a bien aisément en vertu des relations (8) et des équations (1') et (4)

$$\frac{\partial Z}{\partial y} - \frac{\partial Y}{\partial z} = -ivf + iug$$
$$\frac{\partial X}{\partial z} - \frac{\partial Z}{\partial x} = vf - ug$$
$$\frac{\partial Y}{\partial x} - \frac{\partial X}{\partial y} = 0;$$

par suite l'égalité (9) deviendra

$$\frac{1}{i}\int_\sigma (vf - ug)(\cos nx + i\cos ny)\, d\sigma = \int_s \left[\left(v\frac{\partial u}{\partial z} - u\frac{\partial v}{\partial z}\right)(dx + idy) + uv\, dz\right],$$

c'est à dire

$$(10)\qquad \frac{1}{i}\int_\sigma (vf - ug)\frac{\partial t}{\partial n}\, d\sigma = \int_s \left[\left(v\frac{\partial u}{\partial z} - u\frac{\partial v}{\partial z}\right) dt + uv\, dz\right].$$

9. Cela posé supposons que dans tout le domaine à trois dimensions que nous envisageons u, f soient finies, continues et monodromes. Prenons

$$(11)\qquad v = \frac{e^{-\dfrac{(z - z_1)^2}{4(t_0 - t)}}}{\sqrt{t_0 - t}}, \quad g = 0$$

étant $t_0 = x_0 + iy_0$.

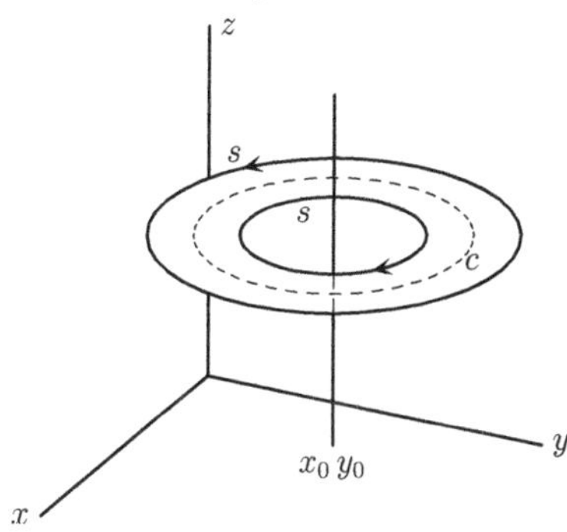

Si la droite $x = x_0$, $y = y_0$ rencontre la surface σ, la formule (10) n'est pas applicable, car pour $x = x_0$, $y = y_0$ la fonction v a une singularité. Mais elle n'est pas applicable en d'autres cas où la même droite ne rencontre pas la surface. En effet supposons que la surface soit limitée par deux lignes, et qu'en conséquence le contour s soit formé de deux parties, et supposons aussi que la droite $x = x_0$, $y = y_0$ passe au milieu du bord interne de la surface, et que par suite on puisse parcourir sur la surface un cycle fermé c autour de la droite. Même dans ce cas la formule ne sera pas applicable, car v sera polydrome sur la surface à cause du radical qui paraît dans le dénominateur. En parcourant le cycle c et en prenant les valeurs de v qui se suivent avec continuité on reviendra au point de départ avec la valeur initiale changée de signe.

Donc la formule (10) n'est applicable, en prenant v donné par la formule (11), que si aucun cycle fermé sur la surface n'entoure la droite $x = x_0$, $y = y_0$ et si en même temps cette droite ne rencontre pas la surface.

Le contour étant formé par une seule ligne continue et fermée, il suffit évidemment de la seconde condition, pour que la première soit aussi satisfaite.

10. Prenons maintenant (fig. a) un contour s formé par une seule ligne continue, constituée par la courbe MNP et par la courbe $M'N'P'$ reliées entre elles par les droites PP' et MM' parallèles à l'axe z.

La ligne $MNPP'N'M'M$ sera une ligne continue. Les flèches indiquent comment il faut la parcourir. Supposons que nous menions une surface σ ayant pour contour cette ligne, et ensuite faisons approcher les deux bords MM' et PP' d'une même droite HH' du plan xz parallèle à l'axe z de manière qu'ils se disposent le long de cette droite. Mais en même temps supposons que si certaines parties des deux bords se superposent, comme il arrive dans la fig. b, les deux bords restent toujours distingués comme les bords d'une coupure, et qu'on doive les parcourir en sens opposé. La même chose est indiquée dans la fig. b' où les dispositions sont changées. Les flèches désignent toujours la manière de parcourir le contour. On peut donc regarder toujours la surface σ comme limitée par un contour formé par la ligne continue et fermée $MNPP'N'M'M$.

La ligne HH' ayant pour équation

$$x = x_1, \quad y = 0,$$

menons une droite parallèle KK' dans le plan xz ayant pour équation

$$x = x_0 > x_1, \quad y = y_0 = 0$$

qui ne rencontre pas la surface σ. Alors on pourra appliquer la formule (10), et l'on

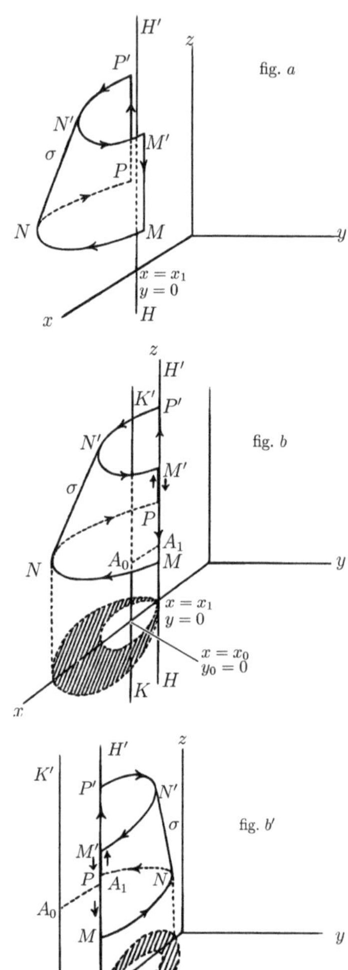

trouvera en remarquant que $g = 0$

$$\int_{MNP} \left[\left(v_{A_0} \frac{\partial u}{\partial z} - u \frac{\partial v_{A_0}}{\partial z} \right) dt + u v_{A_0}\, dz \right]$$

$$+ \int_{P'N'M'} \left[\left(v_{A_0} \frac{\partial u}{\partial z} - u \frac{\partial v_{A_0}}{\partial z} \right) dt + u v_{A_0}\, dz \right]$$

$$+ \int_{PP'} u v_{A_0}\, dz + \int_{M'M} u v_{A_0}\, dz = \frac{1}{i} \int_\sigma v_{A_0} f \frac{\partial t}{\partial n}\, d\sigma,$$

où l'on a désigné par v_{A_0} la fonction $\dfrac{e^{-\dfrac{(z-z_1)^2}{4(x_0-t)}}}{\sqrt{x_0-t}}$, A_0 étant le point de coordonnées $x_0, 0, z_1$.

11. On peut maintenant distinguer deux cas. Projetons la surface σ sur le plan xy. Dans les figures nous avons désigné la projection par l'aire hachée. Le point $x_0, 0$ du plan xy peut se trouver entouré par la projection (fig. b) ou peut ne pas être entouré par elle (fig. b').

Puisque la fonction v est polydrome et qu'elle change de signe en parcourant un cycle autour de la droite $x = x_0$, $y = 0$, les choses seront différentes dans les deux cas. Les valeurs de v dans les points de la droite HH' sont réelles. Prenons ces valeurs positives sur $P'P$, alors

dans *le premier cas* les valeurs de v seront négatives sur MM'

dans *le second cas* les valeurs de v seront positives sur MM'.

Or déplaçons le point A_0 sur A_0A_1 parallèle à l'axe x en l'approchant indéfiniment du point A_1 sur la droite HH', et supposons que la droite KK' se déplace avec A_0 en restant parallèle à l'axe z, et supposons aussi qu'en se déplaçant elle ne rencontre jamais la surface σ.

Cherchons les limites de

$$\int_{PP'} u v_{A_0}\, dz, \qquad \int_{M'M} u v_{A_0}\, dz.$$

Il suffit pour cela de faire usage de la formule (I) qu'on a déjà employée dans le § 4. Puisque v_{A_0} est positif sur PP' on aura

$$\lim \int_{PP'} u v_{A_0}\, dz = \ 2\sqrt{\pi}\, u(t_1\, z_1),$$

si le point A_1 est compris entre les points P, P' et si le segment PP' a la direction positive de l'axe z. On aura au contraire

$$\lim \int_{PP'} u v_{A_0}\, dz = -2\sqrt{\pi}\, u(t_1\, z_1),$$

si le point A_1 est compris entre les points P, P' et si le segment PP' a la direction négative de l'axe z. Enfin on aura

$$\lim \int_{PP'} uv_{A_0}\, dz = 0,$$

si le point A_1 est externe au segment PP'. (C'est le dernier cas qui se présente dans les figures b et b', mais on imagine tout de suite comment il faudrait dessiner les figures pour que les autres cas se présentent.)

Les trois formules précédentes peuvent se réunir en une seule en représentant par le symbole (p) le numéro ± 1 selon que le segment $A_1 P$ a la direction positive ou négative de z. On aura alors

$$\lim \int_{PP'} uv_{A_0}\, dz = \big[(p') - (p)\big]\sqrt{\pi}\, u(t_1\, z_1).$$

Si nous étendons la signification du symbole (p), et si nous supposons qu'il représente 0, si A_1 coïncide avec P, alors la formule précédente nous donne la limite de l'intégrale même dans le cas où A_1 coïncide avec l'un des points P ou P'.

Passons maintenant à

$$\lim \int_{M'M} uv_{A_0}\, dz,$$

si le point $x_0, 0$ est entouré par la projection (1er cas) ; on a que v_{A_0} est négatif sur MM', c'est pourquoi

$$\lim \int_{M'M} uv_{A_0}\, dz = -\big[(m) - (m')\big]\sqrt{\pi}\, u(t_1\, z_1).$$

Si le point $x_0, 0$ n'est pas entouré par la projection ($2^{\text{ième}}$ cas) v_{A_0} est positif sur MM' et par suite

$$\lim \int_{M'M} uv_{A_0}\, dz = \ \ \big[(m) - (m')\big]\sqrt{\pi}\, u(t_1\, z_1).$$

Les deux formules peuvent se réunir en une seule en indiquant par le symbole (e) le numéro ± 1 selon que la projection entoure ou n'entoure pas le point $x_0, 0$ et l'on aura

$$\lim \int_{M'M} uv_{A_0}\, dz = -(e)\big[(m) - (m')\big]\sqrt{\pi}u(t_1\, z_1).$$

Donc

$$\lim \left[\int_{PP'} uv_{A_0}\, dz + \int_{M'M} uv_{A_0}\, dz\right] = \left\{\big[(p') - (p)\big] + (e)\big[(m') - (m)\big]\right\}\sqrt{\pi}\, u(t_1\, z_1)$$

d'où l'on tire en posant

$$[(p') - (p)] + (e)[(m') - (m)]\sqrt{\pi} = h$$

$$\text{(II)} \quad \begin{cases} h\, u(t_1\, z_1) = \lim \left(\dfrac{1}{i} \displaystyle\int_\sigma v_{A_0} f\, \dfrac{\partial t}{\partial n}\, d\sigma - \displaystyle\int_{MNP} \left[\left(v_{A_0} \dfrac{\partial u}{\partial z} - u\dfrac{\partial v_{A_0}}{\partial z} \right) dt + u v_{A_0}\, dz \right] \\[3ex] \qquad\qquad - \displaystyle\int_{P'N'M'} \left[\left(v_{A_0} \dfrac{\partial u}{\partial z} - u\dfrac{\partial v_{A_0}}{\partial z} \right) dt + u v_{A_0}\, dz \right] \right). \end{cases}$$

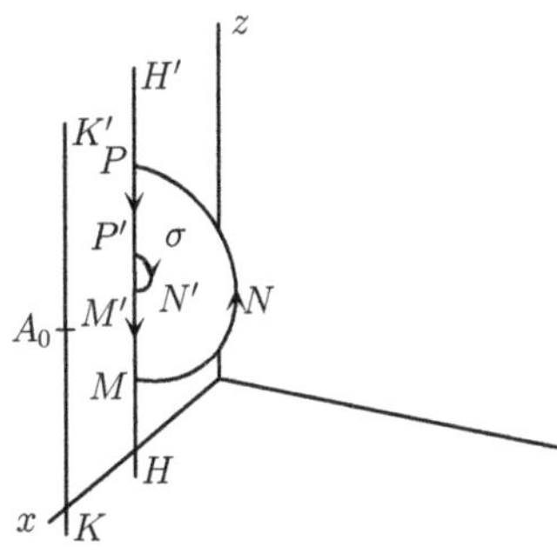

Cette formule est la plus générale possible et comprend toutes les autres. Il n'y a qu'à la particulariser pour déduire toutes les formules de la théorie.

12. Supposons d'abord que le second cas se présente. Alors on peut très bien imaginer que les lignes MNP et $M'N'P'$ appartiennent au plan xz de manière que σ soit une partie du plan, et l'on peut supposer que la ligne $M'N'P'$ se rétrécisse indéfiniment de sorte qu'elle se réduise à un point. Alors dans la formule (II) l'intégrale étendue à $M'N'P'$ s'annule, et elle conduit aux formules (6) et (6') dont la première nous amène à la formule (2') de Poisson.

13. Soit $M'N'P'$ une courbe appartenant au plan parallèle à xy mené par A_0, alors on démontre facilement que la limite de l'intégrale étendue à la ligne $M'N'P'$ dans la formule (II) est nulle. En même temps on a $(m') = (p') = 0$ par suite la formule (II) devient

$$[(p) + (e)(m)]\sqrt{\pi}\, u(t_1\, z_1)$$
$$= \lim \left\{ \int_{MNP} \left[\left(v_{A_0} \frac{\partial u}{\partial z} - u\frac{\partial v_{A_0}}{\partial z} \right) dt + u v_{A_0}\, dz \right] - \frac{1}{i} \int_\sigma v_{A_0} f\, \frac{\partial t}{\partial n}\, d\sigma \right\}.$$

Si M et P coïncident on a $(m) = (p)$, donc

$$(m)[1 + (e)]\sqrt{\pi}\, u(t_1\, z_1)$$
$$= \lim \left\{ \int_{MNP} \left[\left(v_{A_0} \frac{\partial u}{\partial z} - u\frac{\partial v_{A_0}}{\partial z} \right) dt + u v_{A_0}\, dz \right] - \frac{1}{i} \int_\sigma v_{A_0} f\, \frac{\partial t}{\partial n}\, d\sigma \right\}.$$

Dans le second cas où $(e) = -1$ le premier membre est toujours nul.

74

Envisageons le second cas où $(e) = 1$. Alors

$$2(m)\sqrt{\pi}\,u(t_1\,z_1) = \lim\left\{\int_{MNP}\left[\left(v_{A_0}\frac{\partial u}{\partial z} - u\frac{\partial v_{A_0}}{\partial z}\right)dt + uv_{A_0}\,dz\right] - \frac{1}{i}\int_{\sigma} v_{A_0} f\frac{\partial t}{\partial n}\,d\sigma\right\}.$$

Supposons maintenant que la courbe MNP appartienne à un plan parallèle à xy, alors $dz = 0$ sur la courbe, et l'on a

$$2(m)\sqrt{\pi}\,u(t_1\,z_1) = \lim\left\{\int_{MNP}\left[\left(v_{A_0}\frac{\partial u}{\partial z} - u\frac{\partial v_{A_0}}{\partial z}\right)dt\right] - \frac{1}{i}\int_{\sigma} v_{A_0} f\frac{\partial t}{\partial n}\,d\sigma\right\}.$$

Si $f = 0$ la formule se réduit encore et devient

$$2(m)\sqrt{\pi}\,u(t_1\,z_1) = \lim\left\{\int_{MNP}\left(v_{A_0}\frac{\partial u}{\partial z} - u\frac{\partial v_{A_0}}{\partial z}\right)dt\right\}.$$

Enfin si nous prenons pour MNP un cercle ayant le centre sur l'axe x la formule précédente devient la formule $(3')$ de Poisson.

De même les formules de Schlaefli peuvent se déduire comme cas particuliers de celles que nous avons données.

Il faut remarquer que toutes ces formules se rattachent au premier cas, c'est à dire à celui où la projection de la surface σ entoure le point $x_0, 0$. Or cela ne peut arriver que si l'on suppose que la courbe MNM' n'appartient pas au plan xz. Il fallait donc sortir des valeurs réelles de t pour trouver ces formules, et c'est justement ce que nous avons fait. Ce n'est qu'en sortant du domaine réel et en pénétrant dans le domaine complexe que la polydromie de la fonction (7) a pu jouer son rôle, car la polydromie ne ressort qu'en parcourant des cycles autour de la droite KK'. Nous avons mis en lumière qu'à cette polydromie se rattache tout le succès de la méthode nouvelle qu'on a employée.

14. Nous finirons en donnant une application de la formule de Poisson, ce qui nous amènera à revenir sur un point auquel nous avons touché dans la $8^{\text{ième}}$ leçon (§ 1). Nous avons dit qu'il y avait des problèmes de la théorie des ondes qui ne ressortent pas des équations du type hyperbolique. Ce sont les problèmes des ondes des liquides incompressibles. Si l'on envisage le cas le plus général des petites vibrations des liquides assujettis à des forces quelconques ayant un potentiel, on trouve que le problème se réduit à trouver une fonction V harmonique dans le domaine S occupé par le liquide qui le long de la surface libre ω du liquide vérifie l'équation $-\alpha\dfrac{\partial V}{\partial n} = \dfrac{\partial^2 V}{\partial t^2}$ et sur les parois rigides σ qui renferment le liquide vérifie l'équation $\dfrac{\partial V}{\partial n} = 0$, n étant la normale au contour dirigée vers l'intérieur de l'espace S, α une quantité positive, t le temps.

Le problème dépend de l'équation différentielle de Laplace

$$\Delta^2 V = 0,$$

car V doit être harmonique. Il est donc rattaché à une équation du type elliptique. Ce sont les conditions le long de la partie ω du contour qui déterminent le caractère ondulatoire du mouvement.

Or on démontre que V est déterminée si l'on connaît les valeurs V_0 et $\left(\dfrac{\partial V}{\partial t}\right)_0 = V_0'$ de V et de $\dfrac{\partial V}{\partial t}$ sur ω pour $t = 0$. On peut aussi donner une méthode générale pour résoudre le problème. Soit $U_A(x, y, z, t)$ une fonction harmonique régulière de x, y, z dans le domaine S, excepté dans le point A de coordonnées x_1, y_1, z_1 où l'on a

$$U_A(x, y, z, t) = \frac{1}{r_A} + W_A(x, y, z, t), \quad r_A = \sqrt{(x_1 - x)^2 + (y_1 - y)^2 + (z_1 - z)^2},$$

$W_A(x, y, z, t)$ étant une fonction régulière. Si nous supposons que sur ω soit vérifiée l'égalité

$$-\alpha \frac{\partial U_A}{\partial n} = \frac{\partial^2 U_A}{\partial t^2}$$

et sur σ

$$\frac{\partial U_A}{\partial n} = 0$$

et pour $t = t_1$ sur ω $\quad U_A$ et $\dfrac{\partial U_A}{\partial t}$ soient nulles, alors on aura

$$(12) \qquad V(x_1\, y_1\, z_1\, t_1) = -\frac{1}{4\pi} \frac{d}{dt_1} \int_\omega \left[(U_A)_0 \left(\frac{\partial V}{\partial t}\right)_0 - V_0 \left(\frac{\partial U_A}{\partial t}\right)_0 \right] \frac{1}{\alpha}\, d\omega,$$

$(U_A)_0$ et $\left(\dfrac{\partial U_A}{\partial t}\right)_0$ désignant les valeurs de U_A et $\dfrac{\partial U_A}{\partial t}$ pour $t = 0$. Cette formule sert pour reconduire le problème de déterminer V à celui de trouver U_A, c'est à dire à déterminer une fonction qui à certains points de vue est analogue à la fonction de Green.

15. Mais laissons de côté la théorie générale qui nous conduirait trop loin, et envisageons le cas où le liquide occupe un domaine sphérique et où ω est toute la surface de la sphère. Supposons aussi que α soit constante de sorte que l'on puisse prendre $\alpha = 1$. Alors sur la surface de la sphère on aura $\dfrac{\partial V}{\partial r} = \dfrac{\partial^2 V}{\partial t^2}$, r étant le

rayon vecteur conduit par le centre de la sphère. Posons $\log r = \rho$, et supposons que le rayon de la sphère soit égal 1. Alors l'équation précédente pourra s'écrire

$$(13) \qquad \frac{\partial V}{\partial \rho} = \frac{\partial^2 V}{\partial t^2}.$$

Cela posé, r, ϑ, φ étant les coordonnées polaires soient $V_0(r, \vartheta, \varphi)$ et $V_0'(r, \vartheta, \varphi)$ les fonctions harmoniques à l'intérieur de la sphère qui sur la surface de la sphère deviennent égales aux valeurs V_0 et V_0' données de V et de $\dfrac{\partial V}{\partial t}$ pour $t = 0$ sur la surface même. On pourra aussi les considérer comme des fonctions de ρ, ϑ, φ, et l'on écrira $V_0(\rho, \vartheta, \varphi)$, $V_0'(\rho, \vartheta, \varphi)$. Regardons ϑ et φ comme des quantités constantes, et déterminons par la formule de Poisson l'intégrale de l'équation (13) qui pour $t = 0$ se réduit à $V_0(\rho, \vartheta, \varphi)$ et dont la dérivée par rapport à t pour $t = 0$ se réduit à $V_0'(\rho, \vartheta, \varphi)$. Appelons cette intégrale $V(\rho, \vartheta, \varphi, t)$. On voit facilement qu'elle est la fonction qu'on veut déterminer.

En effet on aura

$$(14) \qquad \Delta^2 \frac{\partial V}{\partial \rho} = \frac{\partial^2 \Delta^2 V}{\partial t^2}.$$

Mais

$$\Delta^2 \frac{\partial V}{\partial \rho} = \frac{1}{r^2} \frac{\partial(r^2 \Delta^2 V)}{\partial \rho}$$

par suite l'équation (14) s'écrit

$$(15) \qquad \frac{\partial(r^2 \Delta^2 V)}{\partial \rho} = \frac{r^2 \partial^2(\Delta^2 V)}{\partial t^2}.$$

Or $r^2 \Delta^2 V$ pour $t = 0$ devient $r^2 \Delta^2 V_0 = 0$ et $\dfrac{\partial(r^2 \Delta^2 V)}{\partial t}$ pour $t = 0$ devient $r^2 \Delta^2 V_0' = 0$: par suite $r^2 \Delta^2 V = 0$. Donc V est harmonique, vérifie l'équation $-\dfrac{\partial V}{\partial n} = \dfrac{\partial^2 V}{\partial t^2}$ à la surface de la sphère et en même temps V et $\dfrac{\partial V}{\partial t}$ pour $t = 0$ prennent à la surface de la sphère les valeurs données, comme il fallait démontrer. Il est facile de vérifier que V est régulière au centre de la sphère. Le problème est donc résolu.

On pourrait aussi se servir de cette méthode pour calculer la fonction U_A analogue à la fonction de Green et calculer ensuite V par la formule (12).

Bibliographie.

POISSON. Théorie mathématique de la chaleur, Chapitre VI. Paris 1835.

SCHLAEFLI. Über die partielle Differentialgl. $\dfrac{\partial u}{\partial t} - \dfrac{\partial^2 u}{\partial x^2} = 0$. Journ. de Crelle T. 72.

BETTI. Sopra la determinazione delle temperature nei corpi solidi omogenei. Memorie delle Soc. Italiana della Scienza (detta dei XL). S. III, T. I. P° II.

APPELL. Sur l'équation $\dfrac{\partial^2 z}{\partial x^2} - \dfrac{\partial z}{\partial y} = 0$. Journ. de Math. T. VIII, s. 4.

VOLTERRA. Sur les équations différentielles du type parabolique. Comptes rendus des Séances de l'Ac. des Sciences. 5 Déc. 1904.

Note additionnelle à la 5ième leçon.

Communication faite le soir du 2 Mars.

1. Rappelons la formule bien connue de trigonométrie

$$\sin(\alpha + \beta) = \sin\alpha\cos\beta + \sin\beta\cos\alpha,$$

on peut en tirer que si

(1) $$\sin\alpha\cos\beta + \sin\beta\cos\alpha = \text{const.}$$

on doit avoir

$$\alpha + \beta = \text{const.}$$

Posons maintenant

$$\alpha = \int_0^x \frac{dx}{\sqrt{1-x^2}} \qquad \beta = \int_0^y \frac{dy}{\sqrt{1-y^2}}$$

l'équation (1) s'écrira

(2) $$x\sqrt{1-y^2} + y\sqrt{1-x^2} = \text{const.}$$

Donc si cette égalité est vérifiée on doit avoir

(3) $$\int_0^x \frac{dx}{\sqrt{1-x^2}} + \int_0^y \frac{dy}{\sqrt{1-y^2}} = \text{const.}$$

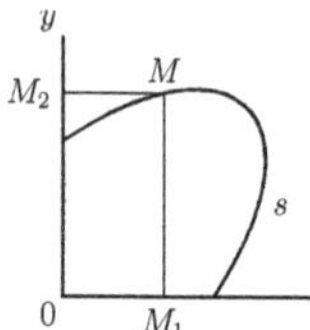

Rapportons-nous à deux axes coordonnés x, y, et soit s un arc de la courbe ayant pour équation (2), M un point de la courbe, M_1 et M_2 ses projections sur les axes ; alors OM_1 et OM_2 seront les amplitudes des deux intégrales qui paraissent dans la formule (3).

Le théorème de trigonométrie peut s'énoncer en disant : *si on déplace le point M sur la courbe s la somme des intégrales*

$$\int \frac{dx}{\sqrt{1-x^2}}, \qquad \int \frac{dy}{\sqrt{1-y^2}}$$

étendues respectivement à OM_1 et OM_2 est constante.

2. Passons à une extension de ce théorème au cas de trois variables. *Envisageons les trois intégrales*

$$(4) \qquad \iint_{\sigma_1} \frac{dy\,dz}{\sqrt{\dfrac{b_2}{\lambda}z^2 - \dfrac{b_3}{\lambda}y^2 + \beta_1}}, \qquad \iint_{\sigma_2} \frac{dz\,dx}{\sqrt{\dfrac{b_3}{\mu}x^2 - \dfrac{b_1}{\mu}z^2 + \beta_2}}, \qquad \iint_{\sigma_3} \frac{dx\,dy}{\sqrt{\dfrac{b_1}{\nu}y^2 - \dfrac{b_2}{\nu}x^2 + \beta_3}}$$

où b_1, b_2, b_3 ; $\beta_1, \beta_2, \beta_3$; λ, μ, ν sont des quantités constantes et $\lambda + \mu + \nu = 0$. Prenons la surface algébrique ayant pour équation par rapport aux axes coordonnés x, y, z

$$(5) \qquad \lambda x\sqrt{\frac{b_2}{\lambda}z^2 - \frac{b_3}{\lambda}y^2 + \beta_1} + \mu y\sqrt{\frac{b_3}{\mu}x^2 - \frac{b_1}{\mu}z^2 + \beta_2} + \nu z\sqrt{\frac{b_1}{\nu}y^2 - \frac{b_2}{\nu}x^2 + \beta_3} = \text{const.}$$

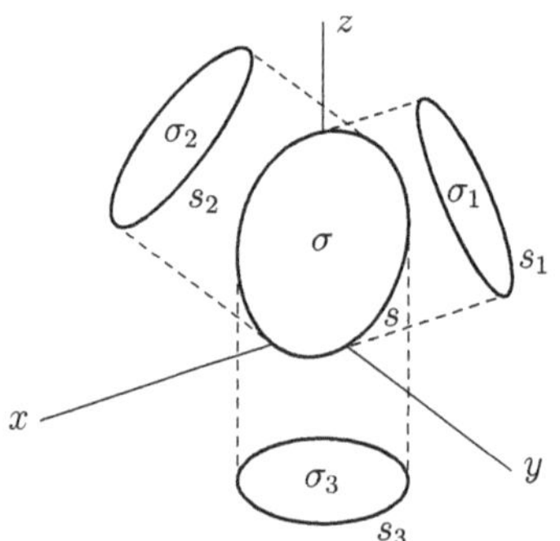

et menons une ligne quelconque s fermée sur cette surface. Soient s_1, s_2, s_3 les projections de cette ligne sur les plans coordonnés, et supposons que nous étendions les trois intégrales (4) aux aires $\sigma_1, \sigma_2, \sigma_3$ renfermées dans ces projections. Alors la somme des trois intégrales (4) ne changera pas en déplaçant et en déformant la ligne s sur la surface (5).

La démonstration de ce théorème ne présente pas de difficultés. Il donne évidemment une extension du théorème élémentaire de trigonométrie par l'emploi des fonctions de lignes. La remarque la plus intéressante à faire est que la surface algébrique constitue une liaison algébrique entre les trois lignes dont dépendent les trois intégrales. Ce théorème peut bien se généraliser.

Voir Volterra : Un teorema sugli integrali multipli. Att. della R. Accad. di Torino, 1897.

Table.